JN050734

いちばんやさしい
第2種
電気工事士

学科試験
（筆記方式・CBT方式）

第2種電気工事士研究会
ねじめ重之 著

最短テキスト&
出る順過去問集

改訂**3**版

≡ SB Creative

本書に関するお問い合わせ

この度は小社書籍をご購入いただき誠にありがとうございます。小社では本書の内容に関するご質問を受け付けております。本書を読み進めていただきます中でご不明な箇所がございましたらお問い合わせください。なお、お問い合わせに関しましては以下のガイドラインを設けております。恐れ入りますが、ご質問の際は最初に下記ガイドラインをご確認ください。

●ご質問の前に

小社Webサイトで「正誤表」をご確認ください。最新の正誤情報を下記のWebページに掲載しております。

本書サポートページ https://isbn2.sbcr.jp/18421/

●ご質問の際の注意点

・ご質問はメール、または郵便など、必ず文書にてお願いいたします。お電話では承っておりません。

・ご質問は本書の記述に関することのみとさせていただいております。従いまして、○○ページの○○行目というように記述箇所をはっきりお書き添えください。記述箇所が明記されていない場合、ご質問を承れないことがございます。

・小社出版物の著作権は著者に帰属いたします。従いまして、ご質問に関する回答も基本的に著者に確認の上回答いたしております。これに伴い返信は数日ないしそれ以上かかる場合がございます。あらかじめご了承ください

●ご質問送付先

ご質問については下記のいずれかの方法をご利用ください

Webページより

上記のサポートページ内にある「お問い合わせ」をクリックし、要綱に従ってご質問をご記入の上、送信ボタンを押してください

郵送

郵送の場合は下記までお願いいたします。

〒105-0001
東京都港区虎ノ門2-2-1
SBクリエイティブ　読者サポート係

はじめに

本書は、電気関係の仕事に携わる人が必ず取得しておかなければならない"必須の資格"である『第2種電気工事士』の学科試験（筆記方式・CBT方式）に、**短期間で一発合格**するための試験対策本です。電気の知識がまったくない未経験の方でもスラスラと学習を進めることができるよう、**初歩の初歩からとことん丁寧に解説**しています。

また、試験の過去問題を10年以上**徹底的に分析**したうえで、毎年のように何度も繰り返し出題されている問題を「**ここが出る！　精選過去問題＆完全解答**」として、各章の章末に多数掲載しています。本書掲載の過去問には**一読の価値**があります。これらを試験前に解いておくだけでも、一発合格がぐっと近づきます。ぜひ読み飛ばすことなく、読み進めてください。

筆者は普段、**第2種電気工事士試験の研究**と、その研究成果をベースにした**試験対策講座の講義**をしています。講座に参加される方の多くは「はじめて電気系の資格を受験する人」であり、**電気理論や計算問題に苦手意識を持つ人がほとんど**です。そのような多くの受験生と共に毎年、多数の一発合格を勝ち取ってきています。本書では、これらの経験から得られたノウハウのすべてを、あますことなく掲載しています。また、「**どのように勉強を進めれば良いのか**」「**押さえるべき大切なポイントは何か**」なども文章の端々に記載しています。

『第2種電気工事士』の資格は国家資格です。国家資格と聞くとハードルが高いように感じる人もいるかもしれませんが、きちんと学習しておけば**必ず合格できます**。一方で、真正面から正攻法で学習していくスタイルでは、多大な労力が必要な試験でもあります。ですので、時間のない人には、きちんと試験の特性・特徴を理解したうえで、効率良く学習していく方法をお勧めします。

多くの受験生が2年がかりで資格取得を目指していますが、本書では**1年目で一発合格する**ことを目指しています。そしてそれは、**それほど難しいことではありません**。ぜひ本書を読み込むことで実力をつけていただければと思っております。第2種電気工事士の資格取得を目指す皆さまにとって、この本が合格の手助けになることを願っております。

第2種電気工事士研究会

禰寝重之

Contents

はじめに

第0章 試験の概要と受験の手引き　1

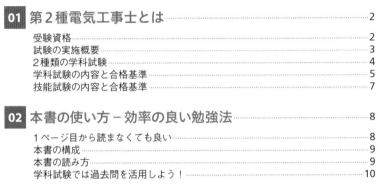

第1章 配線図と図記号の基本　11

第2章 さまざまな機器の図記号　29

第6章 電気工事の施工方法　159

第7章 一般電気工作物の検査　195

第8章 保安に関する法令　215

第9章 電気の基礎理論　237

試験のことを把握しておこう！

試験の概要と
受験の手引き

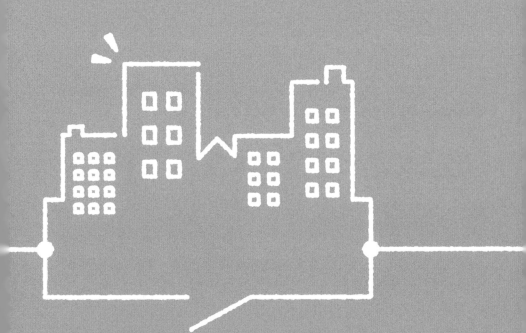

第0章 01 第2種電気工事士とは

「**第2種電気工事士**」試験は、一般財団法人電気技術者試験センターが実施する**国家試験**です。

 電気工事士の資格を取ると、何ができるようになるのですか？

電気工事士には、**第1種電気工事士**と**第2種電気工事士**の2つの資格があります。詳しくは後述しますが(p.219)、簡単にいうと次のとおりです。

♟ 資格区分

資格区分	説明
第1種電気工事士	**一般用電気工作物**(600ボルト以下で受電する電気設備)と、**自家用電気工作物**(最大電力500キロワット未満の需要設備に限る)の電気工事の作業に従事できる
第2種電気工事士	**一般用電気工作物**(600ボルト以下で受電する電気設備)の電気工事の作業に従事できる

したがって、第2種電気工事士の免状を取得すると、**600ボルト以下で受電する電気設備の一般住宅や小規模店舗などの電気工事**を実施できるようになります。言い換えると、資格を取得しておかないと、これらの電気工事を行うことはできません(法律で禁じられています)。本書は、上記のうちの「**第2種電気工事士**」試験を対象にした、試験対策本です。

 ## 受験資格

第2種電気工事士の試験には、**受験資格の制限(年齢・性別・学歴・国籍)はありません**。誰でも受験できます。

第2種電気工事士試験の試験概要

項目	内容
受験資格	なし。年齢・性別・学歴・国籍問わず、誰でも受験できる
受験料	【インターネットによる申し込み】9,300円（非課税） 【書面による申し込み】9,600円（非課税）
試験会場	全国47都道府県。 なお、技能試験は2日ある試験日のうち、試験地ごとに、いずれかの日に実施される（試験地によって試験日が異なるので注意が必要）

試験の実施概要

　第2種電気工事士の試験は「**学科試験**」と「**技能試験**」の2種類から構成されており、その**両方に合格**することではじめて資格を取得できます。それぞれの試験内容については、**p.6**以降で詳しく解説します。

試験の実施日程

　第2種電気工事士試験は、学科試験、技能試験ともに**上期（春）**と**下期（秋）**の**年2回**実施されます。なお、**受験の申し込み日程も、上期・下期でそれぞれ異なる**ので注意してください。

上期試験（春）の実施日程

項目			日程
願書の配布			3月上旬から
受験申し込みの受付期間			学科試験 技能試験 ともに 3月中旬〜4月上旬の間
試験の実施日	学科試験	CBT方式 ※1	4月下旬〜5月上旬の間
		筆記方式 ※2	5月下旬（日曜日）
	技能試験		7月下旬（土・日曜日）

※1　CBT方式では、所定の期間内であれば受験場所・試験時間を選択可能です。
※2　筆記方式は一部の会場を除き、午前・午後の2回に分けて実施されます。

■ 下期試験 (秋) の実施日程

項目			日程
願書の配布			6月上旬から
受験申し込みの受付期間			**学科試験** 8月上旬～中旬の間 **技能試験** 9月上旬～中旬の間
試験の実施日	学科試験	CBT方式 ※1	9月下旬～10月上旬の間
		筆記方式 ※2	10月下旬 (日曜日)
	技能試験		12月下旬 (土・日曜日)

※1　CBT方式では、所定の期間内であれば受験場所・試験時間を選択可能です。
※2　筆記方式は一部の会場を除き、午前・午後の2回に分けて実施されます。

重要!　学科試験には従来からある「筆記方式」(マークシート方式) と、令和5年から新たに追加された「CBT方式」の2種類があり、選択した方式によって試験の実施日が異なるので注意が必要です。詳しくはp.5で解説します。

　願書の配布は例年3月初旬から、(財) 電気技術者試験センターで配布されます。なお、試験センターのホームページから直接試験に申し込むこともできます (この場合、願書を入手する必要はないので便利です)。

　受験を希望する人は、上記の「受験の申し込み」期間中に、申し込み用紙を (財) 電気技術者試験センターへ郵送するか、または試験センターのホームページから申し込みます。

　受験者は、上期・下期のどちらの日程で受験するかを自由に選択できます。また、**上期・下期の両方を受験することもできます。**

🔍 技能試験の受験資格

　技能試験は**学科試験の合格者**、または**学科試験免除者**のみ受験できます。なお、学科試験に一度合格すると、技能試験を**2回受験できます**。そのため、1回目の技能試験が不合格の場合でも、2回目は「学科試験免除者」として技能試験のみを受験できます。ただし、**学科試験免除者の場合でも、受験申し込みは必要です。**申し込みをしないと受験できないので注意してください。

2種類の学科試験

　学科試験には従来からある「**筆記方式**」(マークシート方式) と令和5年から新たに追加された「**CBT方式**」の2種類があります。

学科試験の試験方式

試験方式	内容
筆記方式 （マークシート方式）	従来からある試験方式。**紙に印刷された問題用紙と、マークシート方式の解答用紙を用いて行う**。えんぴつ、またはシャープペンシルを用いて解答を記入する。 試験は上期・下期それぞれで**1回（1日）のみ実施される**
CBT方式	コンピュータ（パソコン）を使った試験方式。この方式では、紙の問題文やマークシートは配布されず、**問題文の表示も解答入力もすべて、パソコン上で行う**。令和5年度から新たに追加された試験方式。CBTは「**Computer Based Testing**」の略。 試験は上期・下期でそれぞれ**3週間程度の実施期間**があり、受験日は受験者が自由に選択できる

　どちらの方式でも、**出題形式や問題数、合格ラインなどはまったく同じ**です。一方で、**受験可能な日程**が異なるので注意してください。

　CBT方式では、試験実施日は**上期・下期それぞれで3週間程度**の期間が設定せれており、受験はその期間内であれば、いつでも受験可能です。つまり、CBT方式であれば、みなさん自身の都合に合わせて、受験する曜日や時間を選択できます。

　一方、筆記方式の場合は、**上期・下期でそれぞれ1回のみ指定された試験実施日**に受験する必要があります。

 電気技術者試験センターのホームページ上にCBTを体験できるコーナーが用意されているので、CBT方式での受験を検討している人は、必ず一度は体験しておいてください。

●第2種電気工事士　学科試験（CBT体験）
URL https://www.shiken.or.jp/cbt/e02_corner

 重要！ 試験の実施日や申し込み方法などは、予告なく変更されることがあります。受験前に必ず最新の情報を確認してください。最新の試験情報は（財）電気技術者試験センターのホームページに掲載されています。

●（財）電気技術者試験センターのホームページ
URL https://www.shiken.or.jp/

学科試験の内容と合格基準

学科試験は**2時間**で、**50問**出題されます。内訳は次のとおりです。

- 一般問題：30問（うち10問は計算問題）
- 配線図問題：20問

　すべて**四択問題**です。合格基準は**60%以上**（30問以上の正解）です。1問あたりの時間配分は、計算問題に4〜5分、その他の問題に1〜2分が目安となります。
　一般問題に含まれる計算問題（約10問）は少し難しいのですが、一般問題の残りの20問と配線図問題は覚えておけば簡単に解答できる問題ばかりなので、要点をしっかり理解していれば確実に正解できます。

重要! 最初から満点合格を目指すのではなく、まずは合格ラインの60％を確実に超えられるように、70〜80％の得点を目標に勉強を進めることをお勧めします。本書では効率的に得点する方法も紹介しています（p.8）。

　学科試験の問題は次の科目範囲から出題されます。

🏠 学科試験の出題範囲

出題範囲	内容
一般問題 電気に関する基礎理論	①電流、電圧、電力および電気抵抗 ②導体および絶縁体 ③交流電気の基礎理論 ④電気回路の計算
一般問題 配電理論・配線設計	①配電方式 ②引込線 ③配線
一般問題 電気機器・配線器具ならびに電気工事用材料および工具	①電気機器および配線器具の構造および性能 ②電気工事用の材料の材質および用途 ③電気工事用の工具の用途
一般問題 電気工事の施工方法	①配線工事の方法 ②電気機器および配線器具の設置工事の方法 ③コードおよびキャブタイヤケーブルの取付方法 ④接地工事の方法

一般問題 一般用電気工作物の検査	①点検の方法 ②導通試験の方法 ③絶縁抵抗測定の方法 ④接地抵抗測定の方法 ⑤試験用器具の性能および使用方法
配線図問題 配線図	①配線図の表示事項および表示方法
一般問題 一般用電気工作物の保安に関する法令	①電気工事士法、同法施行令、同法施行規則 ②電気設備に関する技術基準を定める省令 ③電気用品安全法、同法施行令、同法施行規則および電気用品の技術上の基準を定める省令

 ## 技能試験の内容と合格基準

　学科試験に合格したら、次は技能試験です。技能試験は、みなさんが持参した**作業用工具（指定工具等）**を使って、実際に**出題された配線図どおりに材料を組み立てていく実技試験**です。必要な材料（電線や機器類）はすべて支給されます。試験時間は**40分**です。

　このように聞くと、とても難易度の高い試験のような印象を持つ人もいるかもしれませんが、**技能試験で出題される配線図は事前に公表される**ので、事前にしっかりと準備をしておけば必ず合格できます。具体的には、（財）電気技術者試験センターのホームページで毎年1月下旬に発表される「**第二種電気工事士技能試験候補問題**」（全13問）の中からいずれかの**1問**が出題されます（これを「公表の問題」といいます）。受験者はこの候補問題を入手し、事前に確認できます。

　技能試験の合否は、完成した組立工事の内容によって判定されます。次の項目がチェック対象になり、すべての**組立の完成**が合格の必須事項になります。

①電線の接続

②配線工事

③電気機器および配線器具の設置

④電気機器、配線器具並びに電気工事用の材料および工具の使用方法

⑤コードおよびキャブタイヤケーブルの取付

⑥接地工事

⑦電流、電圧、電力および電気抵抗の測定

⑧一般用電気工作物の検査

⑨一般用電気工作物の故障箇所の修理

本書の使い方—
効率の良い勉強法

 1ページ目から読まなくても良い

　資格試験に挑戦するときは、新たな気持ちでスタートします。ほとんどの人が参考書の第1章から読みはじめるはずです。しかし、既存の第2種電気工事士の参考書の多くは「**電気の基礎理論**」からはじまっています。ここに大きな問題が1つあります。

　電気の基礎理論や配電設計はとても大切な内容ではあるのですが、その多くが**計算問題**になるため、計算や数式が苦手な人は、第1章で早々に苦戦することになり、解説が難解な参考書を手にしてしまった人は、ページをめくる手が徐々に止まってしまいます。筆者が主催している講習でも、この項目に入った途端に睡魔に襲われる人が多く、皆さん苦労をしているように思います。

　しかし、ここで諦めないでください。先述したように、学科試験全体の中で計算問題は**わずか10問**です(p.6)。残りの40問に計算は必要ありません。このたった10問のために資格試験を諦めるのは非常にもったいないです。合格ラインは60% (30問正解)ですので、合格の可能性は十分にあります。

　ですので、電気の基礎理論からはじまる参考書をお持ちの人は、ひとまずチャレンジしてみて、「どうにも無理そうだ」と感じたら、気持ちを切り替えて別の章から読み直してみてください。後半の章を読んだ後で第1章に戻ってみると、今度はすんなり読み進められるかもしれません。

　計算問題以外の問題はほぼすべてが**暗記問題(覚えることで解答できる問題)**です。配線図問題は、図記号や器具、工具などの名称や写真を選ぶ問題が多いです。そう思うと、**見るだけで覚えられる配線図問題からはじめたほうが効率的**だと思いませんか。

 重要! 計算問題はとても大切ですが、解答できなくても合格を諦める必要はありません。取り組みやすそうな章から読み進めてみてください。

本書の構成

　本書では、上記に示した第2種電気工事士試験の特徴を踏まえ、計算問題の多い「電気の基礎理論」からはじめるのではなく、覚えることからはじめられる内容から解説を進めています。つまり、普通の参考書・問題集とは逆に、**配線図からはじめて、最後に計算問題を解説**しています。このような構成にすることで、確実に合格への階段をのぼることができます。最初から計算問題でゲンナリすることもありません。また、各章では次の点を大切にして本書を構成しています。

- 大切なポイントや覚えておいてほしい項目をわかりやすくまとめている
- 多くの図や写真を用いて、視覚的にも理解できるようにしている
- 章ごとに、頻出の過去問題を多数掲載し、丁寧な解答も載せている
- 途中で息切れしないように、各項目をできるだけコンパクトにまとめている
- 計算問題は、多くの例題を用いることで理解が深まるようにしている

　多くの受験生を対象にした試験対策講義のなかで培ってきた経験をもとに、「**初心者がつまづきやすい点**」「**未経験者にはわかりづらい点**」などを、とことん丁寧に解説していきますので、ぜひ途中で諦めることなく、読み進めていただけると嬉しいです。「誰にとってもわかりやすい解説」を常に心がけて、構成しています。

本書の読み方

　第2種電気工事士試験に一発で合格するために必要な知識は、本書を一読するだけではなかなか定着しません。また、細かい点を1つずつ完璧に理解しながら読み進める方法では途中で息切れしてしまいます。

　まずは、**一通り読み通すことからはじめてください**。途中で理解できなくなっても問題ありません。最後まで読み通します。章末の過去問題も最初から全問正解できるようになる必要はありません。

　いったん読み終えたら2回目、3回目の通読に入ります。今回は一度目に理解できなかった内容を覚えるようにします。本文中でも説明していますが、図記号や器具・材料の写真などは、隙間時間に何度も繰り返し眺めるだけで、少しずつ覚えていけます。焦って一度にすべてを覚えようとせず、じっくりと覚えていくことをお勧めします。また、計算問題に関しては、**公式を覚えれば解答できる**問題を中心に読み進めてください。すべてに答えられなくても、3〜4問に解答できるようになると自信がついてきます。

学科試験では過去問を活用しよう！

　本書を読んで試験内容を理解し、また章末の過去問題に正解できるようになったら、仕上げに本試験の過去問を解くことをお勧めします。第 2 種電気工事士の学科試験では、**過去に出題された問題が何度も繰り返し出題されている**ので、時間の許す限り、過去問に取り組んでください。このとき、きちんと**時間を計る**ことも忘れないでください。実際の試験さながらに取り組むことが大切です。

　第 2 種電気工事士試験の過去問は、(財) 電気技術者試験センターのホームページから入手できます。執筆時点では、平成 21 年から現在までのすべての過去問題がPDF形式でアップされているので、ダウンロードして利用してください。

● **第2種電気工事士試験の過去問（電気技術者試験センター）**
URL **http://www.shiken.or.jp/answer/**

　また、本書のサポートページに、最近の学科試験の解答・解説を用意しています。(財) 電気技術者試験センターのホームページでも解答は入手できますが、解説はついていないので、適宜活用してください。

● **本書のサポートページ**
URL **https://isbn2.sbcr.jp/18421/**

　過去問を解き、そして採点して、間違ったところはもう一度勉強してください。そして、それが終わったらもう 1 度過去問題に挑戦…という流れで学習を進めていき、正解率がコンスタントに 70 ％を超えるようになったら、もう大丈夫です。

本書掲載の過去問題の出典と著作権について

本書に掲載している過去問題（章末問題）、および解説本文中に掲載している過去問題から抜粋した写真の出典は一般財団法人電気技術者試験センターであり、すべての著作権は一般財団法人電気技術者試験センターに帰属しています。
過去問題はすべて「第二種電気工事士試験」のものであり、掲載にあたっては、紙面の都合上「出題年度」のみを記載しております。また、過去問題によっては、図記号や図示記号などを問題文に含める形に一部改変して掲載しています。実際の出題状態については、一般財団法人電気技術者試験センターのホームページに公開されている過去問題を参照してください。

試験に一発で合格しよう！

配線図と図記号の基本

01 スラスラわかる配線図

第2種電気工事士試験に一発合格するには、最初に**配線図問題**を攻略することをお勧めします。これが合格への最短ルートです。

　　配線図は一見すると複雑に見えるため、配線図をはじめて見る人の中には面食らう人もいると思います。でも安心してください。本章で解説する「3つのステップ」を踏めば、誰でも簡単に、すぐに理解できるようになります。

そもそも配線図って何ですか？

配線図とは電気機器と電線の配置図であり、「電気の引込口から、屋内の電気機器に電気を供給するための設計図」です。

🏠 配線図とは

　　配線図は、電気機器と電線の配置図であり、**「引込口」（電信柱から電気を取り入れる箇所）から、屋内の電気機器や照明器具、コンセントなどへ電気を供給するための設計図**です。配線図では、特定の**図記号**を使用して次の各要素を図面の中で表します。

- 配線方法（配線を通す場所。天井裏や床下など）
- 電線の種類
- 照明器具の種類（シャンデリアや蛍光灯など）
- スイッチの種類（片切や3路スイッチなど）
- コンセントの種類（1口／2口、または接地極付など）

なるほど！ 配線図を読めるようになるためには、図記号を知っておく必要がありますね。

配線図の例

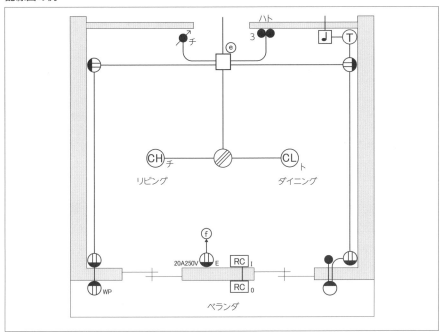

 配線図問題への取り組み方

　第2種電気工事士の学科試験に出題される配線図問題は、次の3つのステップを踏むことで確実に正解できるようになります。

Step1：配線図の図記号を覚える
Step2：図記号が表す機器・器具の形状を写真で見て覚える
Step3：図記号の使用目的と用途を理解する

　このように、試験に合格するためには暗記しなければならない項目もありますが、やみくもに丸暗記しても得点にはなかなかつながりません。本書では初心者の人がもっとも効率的に覚えられる手順を紹介します。例えば、**グループ分けしたうえで基本的な図記号を中心に同一グループの図記号を覚えていくと全体を効率的に覚え**られます。また、実際の利用シーンなどをイメージしながら**図記号と実物を確認する**ことも大切です。その他の具体的な覚え方は順次紹介します。

電線の種類と図記号

それでは、配線図の図記号と決まり事を覚えていきましょう！ 図記号を覚える際は、その記号が表す機器・器具の形を、器具の写真を見て覚えましょう。文字だけでなく、実際の形状を認識することで、より理解が深まります。

　試験に出題される配線図の図記号はJISの**構内電気設備の配線用図記号（JIS C 0303）**が元になっています。ここでは、第2種電気工事士試験に出る図記号を紹介します。まずは「電線」です。

　電線とは、銅線などの導体（電気を通しやすい物質）を、ビニルなどの絶縁物（電気を通さない物質）で覆ったものです。電線には「絶縁電線」「ケーブル」「コード」など、いくつかの種類がありますが、それらについては後述します。まずは配線方法から解説していきます。

 ## 配線方法の図記号

　配線方法とは、**電線を配線する場所**です。住宅内のどこに電線を配線するかを表します。電線の配線方法を表す図記号は次の4種類です。

♟配線方法の図記号と名称

図記号	名称	説明
———————	天井隠ぺい配線	**天井裏の見えない場所の配線**
— — — — — — ·	床隠ぺい配線	**床下の配線**（フロアダクト工事などの場合）
··············	露出配線	壁など、**見える場所の配線**（エアコンの後付け配線など）
— · — · — · —	地中配線	屋外灯の電線のように、**地中に埋め込まれた配線**（ケーブルを使用）

床隠ぺい配線と地中配線は混同しがちですが、屋内は床隠ぺい配線、屋外は地中配線になります。

配線方法の例

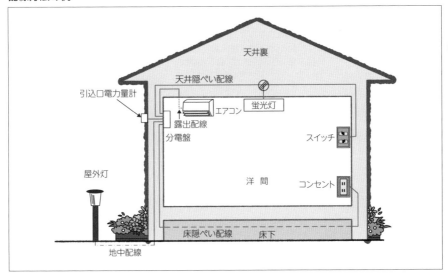

　上記の「配線方法」を表す図記号に、これから解説する「電線の種類」や「電線の太さ」「電線数」などを表す記号を**書き加えていきます**。

　なお、以降の解説では基本的に**天井隠ぺい配線**を用いて説明を続けます。

 重要! 配線方法を表す4種類の図記号をしっかり覚えておいてください。この図記号は後述する電線の種類や太さ、配管などと組み合わされて試験に出題されます。

 ## 電線の種類

　電線には「**絶縁電線**」「**ケーブル**」「**コード**」など、いくつかの種類があり、それぞれがさらにいくつかの種類に分類されます。銅線などの導体にビニルなどの絶縁体を巻いたものを「**絶縁電線**」、絶縁電線にさらにビニルなどのシース（外装）を巻いたものを「**ケーブル**」といいます。

■ 電線の種類（大分類）

種類	説明	
絶縁電線	銅線などの導体を絶縁物で覆った電線。絶縁電線は大きく、銅線1本を絶縁物で覆った「単線」（右上図）と、素線と呼ばれる細い銅線を複数本（一般的には7本）、より合わせて絶縁物で覆った「より線」の2種類に分類される（右下図）	
ケーブル	絶縁電線をビニルの外装（シース）で覆った電線	
コード	一般屋内で使用する電気器具に取り付ける電線。電球用や移動用に用いる。素線は20〜50本。コードにはビニルコードとゴム絶縁袋打コードの2種類がある (p.18)	

💡 絶縁電線の種類

　絶縁電線にはいくつかの種類があります。第2種電気工事士試験でよく出題されるものを下表にまとめます。**名称**と**図記号**、および**用途**、**最高許容温度**を押さえておいてください。なお、覚えやすくするために**図記号の意味**も記載していますが、こちらは覚える必要はありません。

名称	図記号	用途・最高許容温度・図記号の意味
600Vビニル絶縁電線	IV	・一般屋内配線用（軟銅線） ・最高許容温度：60℃ ・IV は、Indoor Vinyl
600V2種ビニル絶縁電線	HIV	・耐熱を必要とする屋内配線（軟銅線） ・最高許容温度：75℃ ・HIV は、Heat resistant Indoor Vinyl
引込用ビニル絶縁電線	DV	・架空引込電線（硬銅線） ・DV は、Drop wire Vinyl
屋外用ビニル絶縁電線	OW	・低圧架空電線（硬銅線） ・OW は、Outdoor Weatherproof

覚えておくべき絶縁電線は上記の4種類です。図記号の意味は覚える必要はありませんが、記号の意味（何の略記か）がわかると、覚えやすいですね。

重要!

IVとHIVの最高許容温度も頻繁に出題されます。ここで覚えておいてください。

なお、絶縁電線はケーブルと比べて、シース分だけ外装が不足するため、**600V ビニル絶縁電線（IV 線）**を配線する際は、必ず**電線管（金属管や PF 管）**で保護します（**p.78**）。

ケーブルの種類

ケーブルには次の6種類があります。**名称**と**図記号**、および**用途**、**最高許容温度**を押さえておいてください。

🔋 ケーブルの種類

名称	図記号	用途・最高許容温度・図記号の意味
600V ビニル絶縁 ビニルシースケーブル （平形）	VVF	・屋内・屋外・地中配線用 ・最高許容温度：60℃ ・VVF は、Vinyl insulated Vinyl sheathed Flat-type cable
600V ビニル絶縁 ビニルシースケーブル （丸形）	VVR	・引込口・屋内・屋外・地中配線用 ・最高許容温度：60℃ ・VVR は、Vinyl insulated Vinyl sheathed Round-type cable
600V 架橋ポリエチレン絶縁 ビニルシースケーブル	CV	・引込口・屋内・屋外・地中配線用 ・最高許容温度：90℃ ・CV は、Crosslinked polyethylene insulated Vinyl sheathed cable
MI ケーブル	MI	・高温場所の配線用（溶鉱炉など） ・最高許容温度：250℃ ・MI は、Mineral Insulated cable wiring
キャブタイヤケーブル	CT	・移動用 ・CT は、Cab Tyre cable
600V ポリエチレン 絶縁耐燃性ポリエチレン シースケーブル平形 （別名：エコケーブル）	EM-EEF	・難燃性のケーブル、屋内・屋外・地中配線用 ・最高許容温度：75℃ ・EM は、Eco Material

VVF（3心）

VVR（3心）

CV（3心）

重要！ 銅線をビニル（V）で覆い、さらにビニル（V）の外装で覆った平形（F = Flat）の電線であることから、その頭文字をとって「VVF ケーブル」と呼びます。形状が丸形（R=Round）の場合は「VVR ケーブル」です。

これ全部覚えないといけないのですか・・・。大変だなぁ。

 一度にすべてを丸暗記する必要はありません。時間があるときに何度も見返していけば、自然と覚えられるので安心してください。ただ、VVFとVVRは頻出なので必ず試験までに覚えておいてください。それ以外については、**最高許容温度**を押さえておいてください。

コード

　コードとは、電気機器に電力を供給する、移動用の電線です。コードには**ビニルコード**と**ゴム絶縁 袋 打コード**の2種類があり、使用する電気器具に規定があります。なお、コードに図記号はありません。

■ コードの種類

種類	説明
ビニルコード	発熱しない電気器具（テレビなど）の移動用
ゴム絶縁袋打コード	乾燥した場所の電球、電熱器、コタツなどの移動用

 ここでは「ビニルコードは、熱を発する電気器具には使用できない」ということを覚えておいてください。

電線の種類・太さ・電線数を表す図記号

　配線図に電線の種類・太さ・電線数を示す必要がある場合は次の図記号を記入します。

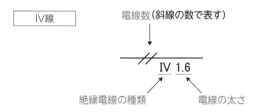

VVFケーブル	VVF 1.6-2C

ケーブルの種類　　電線の太さ　　心線数(後述)

ちなみに、試験では**VVFケーブル**が「標準のケーブル」として指定されているので、特記されている場合を除き、試験問題では電線の種類や表記は省略されています。

重要！ 試験では屋内配線図が出題されます。屋内では**OW**は使用しませんが、試験では設問の選択肢に頻繁に登場します。この場合、**OW**は正答ではありませんので、覚えておいてください。

🏠 絶縁電線の太さと電線数

電線の太さは、「単線」の場合は直径(mm)で表し、「より線」の場合は**断面積** (mm^2) で表します。記載されている数値が単線であるのか、より線であるのかは、次の数値を見て判断します。

- 単線 ：**1.6mm / 2.0mm / 2.6mm / 3.2mm** など
- より線：$2mm^2$ / **$3.5mm^2$** / **$5.5mm^2$** / $8mm^2$ / $14mm^2$ / $22mm^2$ など

単線とより線の数値はすべて覚える必要がありますか？

上記の赤色の数字は覚えてください。一般的に小数点がある場合は単線、それ以外はより線と考えて大丈夫です(ただし3.5と5.5を除く)。

ケーブルの太さと心線数

ケーブルの太さは絶縁電線と同様に心線の**直径**で表し、**心線数**は、2心の場合は「**2C**」、3心の場合は「**3C**」となります。

2心ケーブル

3心ケーブル

電線管の種類

電線管とは「**電線保護のための金属製・合成樹脂製などの管**」です。

絶縁電線（IV線など）は**必ず電線管に収めて配線**します。

　配線図に**電線管の種類**を示す場合は次の図記号で表します。また、記述例に記載されている数字は管の太さで、E19やF217のような**奇数**の場合はその管の「**外径**」（mm）を表し、PF16やVE16のような**偶数**の場合はその管の「**内径**」（mm）を表します。

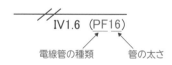

電線管の種類　　　管の太さ

💬 電線管の図記号と種類

図記号	電線管の種類	記述例
E	鋼製電線管（ねじなし電線管） ※Eは、Electrical	／／ 1.6(E19)
PF	合成樹脂製可とう電線管（PF管） ※PFは、Plastic Flexible conduit	／／ 1.6(PF16)
F2	2種金属製可とう電線管 ※FはFlexible、2は2種	／／ 1.6(F217)
VE	硬質塩化ビニル電線管 ※VEは、Hard polyvinyl conduit tube, Electrical	／／ 1.6(VE16)
FEP	波付硬質合成樹脂管 ※FEPは、Flexible Electric Pipe	— · — · — · — CV5.5-2C(FEP20)
HIVE	耐衝撃性硬質塩化ビニル電線管 ※HIVEは、High Impact hard polyvinyl conduit tube,Electrical	— · — · — · — 600V CV5.5-2C(HIVE16)
なし	薄鋼電線管	／／ 1.6(19)

注：薄鋼電線管については、記号はありません。外径のみを数値で記載します。また、薄鋼電線管と鋼製電線管（ねじなし電線管）は金属管工事で使用します（工事の詳細は168ページ参照）。

　ねじなし電線管（E19）と**合成樹脂製可とう電線管（PF16）**は学科試験だけでなく、技能試験でも出題されるのでここでしっかりと覚えておいてください。

　また、**硬質塩化ビニル電線管（VE16）**は、一般に合成樹脂管と呼ばれるねずみ色の管で、メタルラス壁の絶縁管としても使われます。

> それぞれの電線管の用途や写真は**p.78**で詳しく紹介しています。上記では図記号を覚えることが重要ですが、写真や用途も併せて見ておいてくださいね。

🏠 ライティングダクト

　ライティングダクトとは、**導体が組み入れられたダクト**です。ライティングダクトを使用すると、照明器具をダクト内の任意の場所で利用できます。図記号「**LD**」で表します。

※□はフィードインボックス
　（電源入線部）を示します。

ライティングダクト

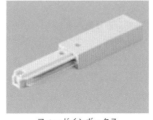
フィードインボックス

電線に関する図記号はこれまでの解説ですべてです。一見すると複雑に見える図記号も、1つずつ見ていくと実はシンプルであることがわかると思います。

ほんとだ！　最初は記号が多くて呪文のようだった図記号ですが、徐々に図記号の意味が読み取れるようになりました！

他の機器についても同じように学んでいけば、難なく配線図が読めるようになれそうです。

重要!
配線図を正しく読み取るためには、電線に関する図記号の理解が必要です。基本的な書き方はとてもシンプルなので、時間があるときに試験の過去問を見るなどして、電線の配線図に慣れておくことをお勧めします。

電線関連の
その他の図記号

電線の配線関連の図記号を紹介します。

ここで紹介する図記号に関しては、**図記号**と**名称**を頭に入れておく程度で大丈夫です。また、一度にすべてを丸暗記する必要はありません。時間があるときに繰り返し見返していけば徐々に覚えられます。

👆 一般配線のその他の図記号

図記号	意味	説明
	立上り (たちあがり)	配線が上の階に続いていることを示す
	引下げ (ひきさげ)	配線が下の階に続いていることを示す
	素通し (すどおし)	配線がその階を素通りしていることを示す（3階建ての2階部分など）

 プルボックス

電線の接続や、電線の引き入れを容易にするために使用する器具です。材料の種類、寸法を傍記します。大きさは自由に設定できます。

□ ジョイントボックス
（アウトレットボックス）

電線の接続や、電線の引き入れを容易にするため、または照明器具を取り付けるために使用する器具です。

VVF用ジョイント
ボックス

VVFケーブルを接続するためのボックスで
す。

 せっちたんし
接地端子

コンセントと組み合わせて使用し、接地線
を接続します。

 せっちきょく
接地極

接地極用の金属棒
を地中に埋めて接
地極として利用し
ます。コンセント
や接地端子の接地
線は、この接地極
につなげることで
漏電による感電を
防ぎます。

$\perp$ じゅうでんてん
受電点

受電点とは、電信柱から電線を引き込むと
きの建物側の引込口のことです。

受電点に関しては、図記号だけでなく、「取付点の
高さ」が出題されることもあるので注意してくだ
さい (p.114)。

 重要! 接地工事の種類

接地工事には、A～Dまでの4種類があります。そ
のうち、第2種電気工事士はC種、D種接地工事を
行います。表記は右のとおりです。接地工事の詳細
についてはp.165で詳しく解説します。ここでは図記
号の表記方法だけ覚えておいてください。

C種　　　D種

これで配線関連の図記号は終わりです。図記号と写真を見ながら、それぞ
れの図記号の役割を覚えていってください。

精選過去問題 & 完全解答

（解答・解説は p.27）

電線に関連した問題

問題 1-1

— — — — — — — で示す図記号の配線方法は。

（平成28年、令和元年、令和2年、令和4年）

- **イ.** 天井隠ぺい配線
- **ロ.** 床隠ぺい配線
- **ハ.** 露出配線
- **ニ.** ライティングダクト配線

問題 1-2

で示す図記号の名称は。

（平成25年）

- **イ.** 立上り
- **ロ.** 引下げ
- **ハ.** 受電点
- **ニ.** 支線

問題 1-3

CV5.5−2C(FEP)

の配線工事で用いる管の種類は。

（令和2年、令和4年、令和5年）

- **イ.** 硬質塩化ビニル電線管
- **ロ.** 波付硬質合成樹脂管
- **ハ.** 耐衝撃性硬質塩化ビニル電線管
- **ニ.** 耐衝撃性硬質塩化ビニル管

問題 1-4

金属管工事の露出配線で工事をする場合の図記号は。

（平成13年、平成28年）

- **イ.** ＿＿＿＿＿＿＿╱╱＿＿＿＿＿＿＿ 1.6(F217)
- **ロ.** ＿＿＿＿＿＿＿╱╱＿＿＿＿＿＿＿ 1.6(VE16)
- **ハ.** ＿＿＿＿＿＿＿╱╱＿＿＿＿＿＿＿ 1.6(PF16)
- **ニ.** ＿＿＿＿＿＿＿╱╱＿＿＿＿＿＿＿ 1.6(19)

問題 1-5

VVRの記号で表される電線の名称は。

（平成13年）

- **イ.** 600Vポリエチレン絶縁ビニルシースケーブル
- **ロ.** 600V EPゴム絶縁ビニルシースケーブル
- **ハ.** 600Vビニル絶縁ビニルシースケーブル丸形
- **ニ.** 600Vビニル絶縁ビニルキャブタイヤケーブル

解答

| 問題 1-1　ロ | 問題 1-2　ハ | 問題 1-3　ロ | 問題 1-4　ニ | 問題 1-5　ハ |

問題1-6

下記a、bおよびcの各電線を記号で示したとき、すべてが正しいのは。

a：600Vビニル絶縁電線
b：屋外用ビニル絶縁電線
c：引込用ビニル絶縁電線

（平成13年）

イ．a：DV　　b：OW　　c：IV
ロ．a：IV　　b：DV　　c：OW
ハ．a：OW　　b：IV　　c：DV
ニ．a：IV　　b：OW　　c：DV

問題1-7

低圧屋内配線を金属管工事で行う場合、使用できない電線は。

（平成14年）

イ．引込用ビニル絶縁電線（DV）
ロ．600Vゴム絶縁電線（RB）
ハ．600Vビニル絶縁電線（IV）
ニ．屋外用ビニル絶縁電線（OW）

問題1-8

低圧の地中電線路を直接埋設式により施設する場合に、使用できる電線は。

（平成26年、令和2年、令和3年、令和4年）

イ．屋外用ビニル絶縁電線
ロ．600V架橋ポリエチレン絶縁ビニルシースケーブル
ハ．引込用ビニル絶縁電線
ニ．600Vビニル絶縁電線

問題1-9

耐熱性が最も優れているものは。

（平成20年、令和3年、令和5年）

イ．600V二種ビニル絶縁電線
ロ．600Vビニル絶縁電線
ハ．600Vビニル絶縁ビニルシースケーブル
ニ．MIケーブル

問題1-10

低圧屋内配線として使用する600Vビニル絶縁電線（IV）の絶縁物の最高許容温度（℃）は。

（平成25年、平成28年、令和3年）

イ．30
ロ．45
ハ．60
ニ．75

解答

問題1-6　ニ　　問題1-7　ニ　　問題1-8　ロ　　問題1-9　ニ　　問題1-10　ハ

問題 1-11

使用電圧が 300 (V) 以下の屋内に施設する器具であって、付属する移動電線にビニルコードが使用できるのは。

(平成28年、令和元年、令和4年、令和5年)

イ．　電気コタツ
ロ．　電気コンロ
ハ．　電気扇風機
ニ．　電気トースター

問題 1-12

写真に示す材料の名前は。なお、材料の表面には「タイシガイセン EM 600V　EEF／F 1.6 JIS JET　＜PS＞E　○○社　タイネン 2014」が記されている。

(平成16年、平成27年、令和3年、令和4年)

イ．　無機絶縁ケーブル
ロ．　600V ビニル絶縁ビニルシースケーブル
ハ．　600V 架橋ポリエチレン絶縁ビニルシースケーブル
ニ．　600V ポリエチレン絶縁耐燃性ポリエチレンシースケーブル平形

問題 1-13

 で示す図記号の名称は。

(平成25年、平成27年)

イ．　コンクリートボックス
ロ．　VVF 用ジョイントボックス
ハ．　プルボックス
ニ．　ジャンクションボックス

解　答・解　説

解答 1-1
ロ

破線は、**床隠ぺい配線**を表します。

解答 1-2
ハ

受電点を表します。立上りは です。

解答 1-3
ロ

FEP は**波付硬質合成樹脂管**です。イは VE、ハは HIVE、ニは HIVP で表します。HIVP は「給排水用の塩ビ管」です。電線管としては使用できません。

解答1-4
ニ

(19)は**薄鋼電線管**です。イは2種金属製可とう電線管、ロは硬質塩化ビニル電線管、ハは合成樹脂製可とう電線管です。

解答1-5
ハ

丸形に対して平形は**VVF**です。イは**EV**、ロは**PV**、ニは**VCT**で表します。

解答1-6
ニ

IVは Indoor Vinyl、**OW**は Outdoor Weatherproof、**DV**は Drop wire Vinyl です。

解答1-7
ニ

屋外用ビニル絶縁電線（OW）は**金属管工事には使用できません**。

解答1-8
ロ

地中配線にはケーブル以外の電線は使用できません。

解答1-9
ニ

MIケーブルの最高許容温度は**250℃**です。シース（外装）が銅管で、絶縁物が酸化マグネシウムで構成されています。耐熱性に優れており、溶鉱炉などの高温な場所で使用できます。

解答1-10
ハ

600Vビニル絶縁電線の絶縁物の最高許容温度は**60℃**です。

解答1-11
ハ

ビニルコードは、電気を熱として使用する電気機械器具の移動電線としては使用できません。**ゴム絶縁袋打コード**は使用できます。

解答1-12
ニ

JISの規格により、**EM-EEF**は600Vポリエチレン絶縁耐燃性ポリエチレンシースケーブル平形を表します。一般には**エコケーブル**と呼ばれています。

解答1-13
ロ

VVF用ジョイントボックスを表します。

図記号を覚えよう!

さまざまな機器の図記号

機器の図記号

電気工事で使用するさまざまな機器の図記号と名称を紹介します。

（M） | 電動機

写真は三相誘導電動機です。電動機は交流電源で軸（回転子）が磁界に誘導されて回るモーターです。

⊥ | コンデンサ

電動機などの力率を改善するのに使用します。

覚え方！「**μF**」（マイクロファラッド）と表示されています。

（H） | 電熱器

電気コンロや**電気温水器**が電熱器に分類されます。配線図では、夜間電力を利用して水を温水に変える**温水器**として出題されます。

∞ | 換気扇

室内の空気の排出・排煙や室外の空気との入れ替え（換気）をファンにより強制的に行います。

機器の図記号も、前章の電線関連の図記号と同じ要領で覚えていけば良さそうですね！

換気扇（天井付）

室内の空気の排出・排煙や室外の空気との入れ替え（換気）をファンにより強制的に行います。

RC ルームエアコン

空調設備の1つで、部屋内の空気の温度や湿度などを調整する機械です。
図記号では、室外機には **O**（Outdoor）、室内機には **I**（Indoor）を傍記します。

RC O　　　RC I

T 小型変圧器

交流電圧の使用電圧を60V以下に降圧する変換機です。小勢力回路に使用されます。

T B ベル変圧器

呼び鈴（ベル用）の変圧器です。ベルの頭文字Bが傍記されています。

T R リモコン変圧器

リモコン回路用の変圧器です。

覚え方！

2次側の電圧「24V」が表示されています。

T N ネオン変圧器

ネオン管を点灯させるために高電圧に変換する変圧器です。

覚え方！

15KVなどの2次側の電圧が表示されています。

蛍光灯用安定器

蛍光灯用の安定器です。放電を安定させます。

　ラベルに「安定器」と書いてあります。

HID灯(高効率放電灯)用安定器

HID灯用の安定器です。放電を安定させます。

重要!　○の中にＴが書かれているものは変圧器または安定器です。変圧器は種類が多いので、機器の名称と傍記の記号(アルファベット)をきちんと覚えておいてください。

また、小型変圧器は「配線の太さ」に関連した小勢力回路の問題としても出題されたことがあります。併せて覚えておいてください。(「電技解釈」の項を参照：p.119)

換気扇と換気扇(天井付)の違いや、ルームエアコンの室内機と室外機の違いも頻出です。

一般照明の図記号

ここでは一般照明の図記号と名称を紹介します。

 白熱灯
HID灯（高効率放電灯）

ガラス球の中の
フィラメントに
電流が流れ、加
熱されることに
よって発光する
ランプ。
壁付の場合は、
壁側を黒く塗り
ます。

H100 **HID灯（水銀灯）**

HID灯の種類を示
す場合は、容量の
前に次の記号を
傍記します。

水銀灯：H
メタルハライド灯：M
ナトリウム灯：N

水銀ランプ

⊖ **ペンダント**

天井から吊り下
げるタイプの照
明です。

CL **シーリング（天井直付）**
じかづけ

天井に直付けする照明です。

照明の種類は、家庭や仕事場などでおなじみのものばかりです。必ず覚え
るようにしてください。基本図形は○です。

ⒸⒽ｜シャンデリア

ガラスや金属などで華やかに装飾した照明
です。

ⒹⓁ｜埋込器具
（ダウンライト）

天井に埋め込む
照明です。

｜引掛シーリング（角）
（ボディのみ）

天井に取り付ける給電用配線器具で、角形
のものです。主に和室などで使用します。

｜引掛シーリング（丸）
（ボディのみ）

天井に取り付ける給電用配線器具で、丸形
のものです。主に洋室などで使用します。

｜屋外灯

屋外で使用する照明です。蛍光灯を表す
際は容量の前に F を傍記します。

F200

屋外灯

｜蛍光灯

放電で発生する
紫外線を蛍光体
に当てて可視光
線に変換する光
源です。壁付は
壁側を塗ります。

器具の形状に合わせて次
の図記号も使用します。

誘導灯（蛍光灯）
誘導灯（白熱灯）

屋外に避難するための扉や、避難口に通じる通路に設置する箱型の照明器具です。消防法に定められた避難誘導用の標識です。

それぞれの図記号を見るとわかる通り、照明の基本形状は「白熱灯の円」です。これをベースにして違いをまとめていくと比較的すんなりと覚えられると思います。

照明器具の光源の違い

　照明器具とは一般的に、**屋内外で使用する灯り**のことをいいます。**白熱電球**や**蛍光灯**などの光源が代表的ですが、それ以外にも**ナトリウム灯**、**水銀灯**といった、高輝度放電灯（高効率放電灯）もあります。それぞれの特徴を覚えてください。

💡 光源の違いと特徴

光源	記号	特徴
白熱電球	◯	発光効率は良くない、小型、寿命が短い、力率が良い
蛍光灯	▭◯	発光効率が高い、寿命が長い、グローランプによる雑音あり、力率が悪い、**安定器が必要**
水銀灯	◯H	発光効率が高い、寿命が長い、**安定器が必要**。青白い色で公園や道路の照明に使用
ナトリウム灯	◯N	発光効率が高い、寿命が長い、**安定器が必要**。黄橙色でトンネル内や霧の発生する場所に使用
メタルハライド灯	◯M	発光効率が高い、寿命が長い、**安定器が必要**。水銀灯にハロゲン化金属を入れ演色性を良くした灯

メモ…🖊 屋外灯については、母屋との関連でも出題されたことがあります。併せて覚えておいてください。（「電技解釈」の項を参照：p.117）

蛍光灯の回路と部品の働き

　蛍光灯の点灯方式には、**点灯管**、**ラピッドスタート**、**インバータ**などがあり、試験では**点灯管方式**が出題されています。蛍光灯の回路や部品の働きが問われるので、しっかりと覚えておいてください。

蛍光灯の回路図

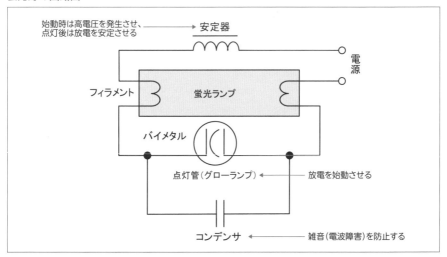

 重要!　上記の蛍光灯の回路図を覚えてください。電源が同じ側に並んでいることがわかります。より正確にいうと、安定器・蛍光ランプのフィラメントと点灯管が直列に接続されています。

　また、蛍光灯は次の流れで点灯します。点灯の仕組みを確認してください。

①電源を入れると、点灯管（グローランプ）が放電する

②放電すると熱によってバイメタルが変形することで、回路に電流が流れる※

③電流が流れると、安定器が高電圧を発生し、高電圧がかかったフィラメントが放電を開始し、点灯する

※電流が流れると、バイメタルの放電は止まり、温度が下がると点灯管はオフになります。

高周波点灯専用形蛍光灯

高周波点灯専用形の蛍光灯（**インバータ蛍光灯**）は、インバータ回路で周波数を 20 ～50KHz の高周波数に変換して蛍光灯を点灯します。点灯管と比較すると、次の特徴があります。

- ちらつきを感じない（高周波のため）
- 発光効率が高い
- 点灯する時間が短い（約 1 秒程度で点灯）
- 騒音が少ない

 重要！ インバータ蛍光灯の特徴を覚えておいてください。

メモ… LED 電球には、白熱電球（制御装置内蔵型）と比べて、発光効率が高い、寿命が長い、力率が低い、価格が高いなどの特徴があります。

ソケットおよび特殊な照明器具

試験を通してでしか見ることはありませんが、次のソケットと特殊な照明器具を覚えておいてください。線付防水ソケットは、**屋外の照明器具に使用するソケット**です。また、防爆形照明器具は、**爆発性ガスなどの存在する場所で使用する照明（白熱灯）**です。

線付防水ソケット

防爆形照明器具

03 コンセントの図記号

ここではコンセントの図記号を紹介します。コンセントについては毎年ほぼ確実に出題されているので、記号の意味をしっかり理解しておくことが大切です。

🔌 コンセントの図記号

図記号	名称	説明
⊖	コンセント（天井）	コンセントの基本形状は「コンセント（天井）」です。これを基本として、壁付の場合は、壁側を黒く塗りつぶします。また、床面の場合は下部に三角形を追加します。
⊖	コンセント（壁付）	
⊖	コンセント（床面）	

コンセントの基本の図記号は上図の通りです。まずはこの基本を把握しておいてください。この図記号に対して、次の表記を追加することで定格を表します。

- 15A 125V は傍記しない
- 20A 以上の場合は「定格電流」を傍記する
- 200V 以上の場合は「定格電圧」を傍記する
- 2口以上の場合は「口数」を傍記する
- 3極以上の場合は「極数」を傍記する

だんだん図記号の数が増えてきて大変になってきたけど、ここが踏ん張りどころですね！　がんばって理解していきます。

そうですね。でもあまり無理をして詰め込もうとしなくても大丈夫です。何度か見返していくうちに、少しずつ覚えていけますよ。

定格電流の傍記	定格電圧の傍記	口数の傍記	極数の傍記
 20A 用 15A/20A 兼用			

> **重要！** コンセントの図記号は、第2種電気工事士の学科試験においてとても重要です。記号を構成する各要素の意味を意識しながら図記号を眺めてみてください。

　コンセントに関しては、形状や仕様に応じて次の図記号も追加します。それぞれの具体的な形状については、実際の写真を見ながら確認することをお勧めします。

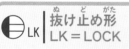
抜け止め形
LK＝LOCK

プラグを差し込んで右に回すと、引いても簡単に取れないコンセントです。天井やPCに使用します。

引掛形
T＝TWIST

専用プラグを使用し、ひねって（ツイストして）差し込みます。簡単には抜けない構造のコンセントです。

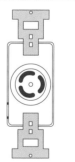

E | 接地極付
E = EARTH

コンセントと**接地極**が一緒になったものです。専用の**接地極付プラグ**を使用します。
コンセントの刃受の下の**半円形の孔**が接地極です。

接地極

 **ET | 接地端子付**
ET = EARTH TERMINAL

コンセントと**接地端子**が一緒になったものです。接地端子に冷蔵庫や電子レンジの接地線をつないで使用します。

接地端子

 EET | 接地極付接地端子付
EET = EARTH + EARTH TERMINAL

接地極と接地端子の両方が一緒になったコンセントです。

接地極

接地端子

 2 EL | 漏電遮断器付
EL = EARTH LEAKAGE

漏電が起きたときに自動的に電気を切るコンセントです。コンセントの上の部分が**漏電遮断機**（漏電ブレーカ）です。

漏電遮断機

WP | 防雨形
WP = WATER PROOF

屋外やトイレといった、水気のある場所で使用します。コンセントが下向きで、カバーが雨水の浸入を防ぎます。

EX | 防爆形
EX = EXPLOSION

屋内危険物貯蔵所といった、危険な場所で使用できるコンセントです。

傍記表記には上記の他に、医療用のコンセント「H」（HOSPITAL）や非常用コンセント（消防法）□⨀ や二重床面コンセント ⊡ などもあります。

重要! コンセントに関しては、傍記記号を理解するのと同時に、コンセントの形状も併せて覚えておくことがポイントです。

🏠 コンセントの図記号の読み方

　実際の配線図に記入されるコンセントの図記号は下図のように若干複雑になりますが、焦らずに1つずつ読み解いていけば必ず形状を特定できます。試験までの期間は、いろいろな配線図を見ながら、コンセントの特定にもチャレンジしてみてください。

2：2個（2口）①
LK：抜け止め形 ②
EET：接地極付接地端子付 ③
WP：防雨形 ④

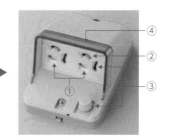

コンセントの極配置（刃受）

　コンセントの図記号では、傍記で定格電流や電圧を表示することを前述しましたが、それらと同時に、電流や電圧の値によって「使用するコンセントの極配置（刃受）の形状」も変わってきます。近年は、この極配置を問う問題が配線図問題の中で出題されるようになってきているので、基本的なことはここでしっかりと習得しておいてください。コンセントの極配置（刃受）は、定格電圧・定格電流によって次のようになっています。

コンセントの極配置（刃受）

定格電圧	定格電流	一般	接地極付	定格電流	一般	接地極付
単相125V	15A			15/20A兼用		
単相250V	15A			15/20A兼用		
三相250V	15A/20A/30A					

 重要！ 極配置（刃受）は、単相125Vは縦向き、単相250Vは横向き、三相250Vはそれ以外の形、ということを覚えておいてください。なお、単相や3相といった用語についてはp.283で解説しています。併せて確認してください。

コンセントの接地極と接地端子

　私たちが目にするコンセントは、15A125Vのものが一般的ですが、住宅用の単相200Vのコンセントには接地極付が使われています。また、**電気洗濯機**や**電子レンジ**のコンセントには**接地極付コンセント**、および**接地極付接地端子付コンセント**を使用することが規定されています。

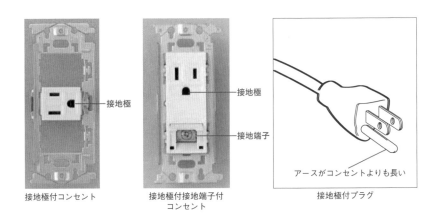

接地極付コンセント　　接地極付接地端子付コンセント　　接地極付プラグ

接地極

接地極
接地端子

アースがコンセントよりも長い

　接地極付プラグではアース部分が長くなっています。これによって、アースが、差し込む際は先に接地極に触れ、抜く際は接地極から最後に離れるようになります。

第2章 04 点滅器（スイッチ）の図記号

　ここでは点滅器（スイッチ）の図記号を紹介します。点滅器は大きく「単極スイッチ」と「3路スイッチ／4路スイッチ」、およびその他のスイッチに分類できます。

単極スイッチ

　単極スイッチとは、照明のスイッチのように、1箇所で照明を点滅（ON/OFF）するスイッチです。「片切スイッチ」や「タンブラースイッチ（単極）」とも呼ばれます。

3路スイッチ／4路スイッチ

　3路スイッチとは、2箇所（3路スイッチを2個使用）で1つ以上の照明を点滅（ON/OFF）するスイッチです。

　4路スイッチとは、3箇所以上（3路スイッチ2個＋4路スイッチ1個以上）で1つ以上の照明を点滅（ON/OFF）させたいときに、3路スイッチと組み合わせて使用するスイッチです。

点滅器（スイッチ）の基本

　点滅器（スイッチ）を表す図記号の基本は以下のような黒丸です。

● 単極スイッチ
◆ ワイドハンドル形

「片切スイッチ」「タンブラースイッチ」ともいいます。非接地側電線をON/OFFします。一般形は●、ワイドハンドル形は◆で表します。

上記の図記号に、次の表記を追加することで定格を表します。

- 15A125Vの場合は傍記しない
- 単極 (片切) の場合は傍記しない
- 15A以外は「定格電流」を傍記する

 単極スイッチ
（片切スイッチ）

表面の入り側に
「●」か「▌」の印
があります。

●₃ 3路スイッチ

2箇所でON/OFF
を行います。表
面に表示はあり
ません。
回路のON/OFF
は 1 ←→ 3の接点
の切り替えに
よって行いま
す。

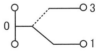

●₄ 4路スイッチ

3路スイッチの間
に接続します。
外観は3路スイッ
チと同じです。
回路のON/OFF
は 1-2・3-4と
1-4・3-2の接
点の切り替えに
よって行います。

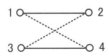

●2P 2極スイッチ
（両切スイッチ）

200V回路など、
2線とも非接地
線の点滅（ON/
OFF）に用いら
れます。

H ┃ 位置表示灯内蔵スイッチ

スイッチをOFF
にすると表示灯
が点灯します。
ONにすると表示
灯は消えます。
暗い所でも位置
がわかるスイッ
チ（蛍スイッチ）
です。

 L ┃ 確認表示灯内蔵スイッチ

スイッチをONに
すると表示灯が
点灯します。OFF
にすると表示灯
は消えます。
換気扇などの運
転状態を確認で
きるスイッチで
す。

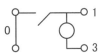

重要! 点滅器（スイッチ）は形状が似ていますが、ポイントとなる場所を覚えておけば
簡単に区別できるようになります。また内部回路図も一緒に出題されるのでど
ちらかを覚えておくと良いと思います。

さまざまな点滅器（スイッチ）

　点滅器（スイッチ）には、上記の他にもさまざまな形状や機能のものがあります。
図記号と併せて、各機器の特徴を押さえておいてください。

 パイロットランプと
片切スイッチ

別置された確認
表示灯は○で表
します。常時点
灯・同時点滅・
異時点滅を表示
します。

 P ┃ プルスイッチ

引きひもで電灯を
点滅（ON/OFF）す
るスイッチです。

WP｜防雨形スイッチ

屋外の水がかかりそうなところで使用するスイッチです。傍記のWPはWater Proof（防水）の略です。

T｜タイマ付スイッチ

設定した時間が過ぎるとスイッチが切れるスイッチです。風呂場の換気扇などで使用されています。傍記のTはTimerの略です。

D｜遅延スイッチ

スイッチを切ると一定時間後（30秒後）に切れるスイッチです。傍記のDはDelay（遅延）の略です。

**RAS｜熱線式自動スイッチ**

人の動き（温度変化）を検知して、自動で照明のON/OFFを行う熱線センサ付自動スイッチです。玄関などで使用します。

A(3A)｜自動点滅器

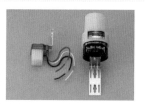

外の明るさを検知し、一定以下の暗さになると自らのスイッチをONにします。また一定以上明るくなるとOFFにして照明を点灯・消灯させるスイッチです。

｜調光器

照明器具の光量を連続的・段階的に調節する装置です。定格は下図のように表します。

800W

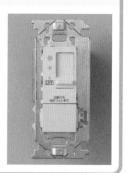

メモ…✎ 上記の自動点滅器には2つの器具が写っていますが、これらは形状は異なりますが、両方とも自動点滅器です。また、自動点滅器の図記号に傍記する（）内には容量（アンペア）を記述します。上記では（3A）となっています。

> メモ...✎ スイッチの傍記表記には上記の他に、**表示スイッチ** ⊡ もあります。

> **重要!** 点滅器（スイッチ）類の図記号は、● が基本形となっています。後は、種別ごとに傍記する記号を整理して覚えてください。

 リモコンスイッチ

照明器具などを遠隔操作でON/OFFにできるスイッチです。信号線によって主電源のON/OFFを行います。

 リモコンリレー

リモコンスイッチの信号を受けて、主電源のON/OFFを行います。リモコンリレーを集合して取り付ける場合は、リレー数を傍記します。

▼▼▼10

 リモコンセレクタスイッチ

リモコンスイッチを集めてまとめたものをいいます。リモコンスイッチが2個集まった場合は、スイッチの数を傍記します。

2

キャノピスイッチ

蛍光灯などの照明器具内（フランジ）に取り付けて引き紐で点滅するスイッチです。先述のプルスイッチ（p.45）も引き紐で点滅するスイッチですが、蛍光灯などの照明器具に取り付けるものをキャノピスイッチとして区別しています。

ペンダントスイッチ

コードの先端に取り付けて点滅するスイッチです。

コードスイッチ

コードの中間に取り付けて点滅するスイッチです。コタツなどに使用されています。

第2章
05 開閉器・計器の図記号

ここでは開閉器と計器の図記号を紹介します。開閉器(かいへいき)は回路や電気機器に使用する、比較的大型のものをいい、電子機器や小型電気機器に使用するものをスイッチといいます。

 さすがに数が多くて疲れてきた人もいるかもしれません。でももう大詰めですからもうひと踏ん張り、がんばってください！

S 開閉器

カバー付ナイフスイッチ(ナイフ状の電極を刃受に差し込む方式の開閉器)。中にヒューズが入っており、過電流遮断器としても利用します。

Ⓢ 開閉器(電流計付)

電動機の手元開閉器です。内部にナイフスイッチとヒューズが入っています。電流計で電動機の始動電流をチェックします。

B 配線用遮断器(ブレーカ)

屋内配線の分岐回路ごとに設置します。過電流が流れたときに電路を自動的に遮断します。100V回路には2P1Eか2P2E、200Vには2P2Eを使用します(p.303)。

B / B M モータブレーカ

電動機兼用のブレーカです。電動機が過負荷運転したり、配線が短絡すると自動的に遮断します。「2.2KW」など、電動機の容量が表記されています。

E

漏電遮断器
（ろうでん）

BE

漏電遮断器（過負荷保護付）

組み込まれている**零相変流器**で地絡（漏電）電流を検出し、自動的に電路を遮断します。**過負荷保護付**は過電流も検知・遮断します。「右側のテストボタン」が目印です。

B **電磁開閉器用押しボタン**

遠隔操作でON/OFFを切り替えるスイッチです。確認表示灯付きはLを傍記します。

●BL

F **フロートスイッチ**

液面に浮かべたフロート（浮き）が、浮力で液面に合わせて上下変動することで、ON/OFFを行うスイッチです。

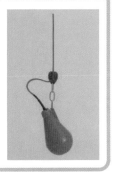

●LF **フロートレススイッチ（電極棒）**

電極に液体が接触することで、そこに流れる電流を検知してON/OFFするスイッチです。**電極数**を傍記します。

LF3

TS

タイムスイッチ

設定した時間に電気機器のON/OFFを行うスイッチです。

Wh

電力量計

電力量を積算して表示する計器です。各家庭に必ず設置されています。箱入またはフード付の場合は以下の図記号で表します。

Wh

圧力スイッチ

空気圧・水圧などを感知してコンプレッサーやポンプのON/OFFを切り替えるスイッチです。

 漏電警報器

地絡（漏れ）電流を検知し、警報を発する装置です。写真上部の器具は零相変流器です。この器具で漏れ電流を検出し、下の本体で警報を発します。

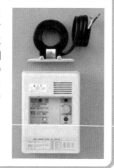

 火災警報器

火災の際に、煙や熱を感知して音声やブザー音で警報する警報器です。

メモ… 計器関連の図記号には、上記の他に、火災表示灯 ⊗ もあります。

 重要！ 上記の各種機器うち、以下の4つの機器については、図記号だけでなく、使用目的や用途、規格など、いろいろな角度から出題されています。

・配線用遮断器（ブレーカ）
・漏電遮断器（過負荷保護付）
・タイムスイッチ
・電力量計

そのため、上記については図記号以外についてもしっかりと覚えるようにしてください。

重要! 過負荷保護付の機器は過電流を検知しますが、その見分け方は「ヒューズが内蔵されているか否か」で判断します。開閉器や漏電遮断器の傍記表記に「**f30A**」のようにヒューズの記号「**f**」が付いているか否かで判断します。

$\boxed{\text{S}}$ 2P30A
f30A

2

電磁開閉器

開閉器 $\boxed{\text{S}}$ と電磁開閉器用押しボタン ●B が併記されている場合、その図記号 $\boxed{\text{S}}$ は「電磁開閉器」を意味します。

電磁開閉器とは、下図の①の部分の**電磁接触器**（電磁石を利用して接点の開閉を行う）と下部の**熱動継電器**（サーマルリレー：電動機の過負荷運転を防止する）②を組み合わせた機器です。押しボタンの操作により、遠隔から開閉器をON/OFFすることができます。

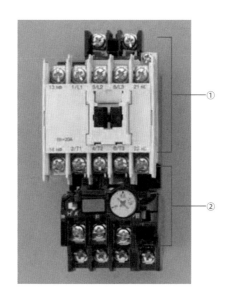

配電盤・分電盤、および警報・呼出の図記号

ここでは**配電盤・分電盤**、および**警報・呼出**の図記号を紹介します。

 ## 配電盤・分電盤

配電盤とは分電盤などへ電気を供給する盤、**分電盤**とは各電路へ電気を供給する盤です。また、**制御盤**とは制御用のスイッチや計器類をまとめてある盤です。私たちにとって、もっとも身近なのは分電盤です。配線用遮断器の数によって大きさが異なります。

□ 配電盤・分電盤・制御盤	⊠ 配電盤
配電盤・分電盤・制御盤の基本的な図記号は横長の長方形です。それぞれの種類を示す場合は右図および下図の図記号を記します。	配電盤は分電盤などに電気を供給する盤です。高電圧を取り扱っています。

◪ 分電盤

分電盤とは、各電路へ電気を供給する盤です。電灯やコンセント類、他設備へ分配する配線用遮断器（ブレーカ）を配置した機器です。

◤ 制御盤

機械や電気装置の遠隔操作などで、制御用のスイッチ・計器類をまとめて備え付けてある盤です。

配電盤・分電盤・制御盤の図記号はシンプルなので覚えやすいですね。
試験では、分電盤と制御盤を取り違えないように注意してください。

 警報・呼出

警報・呼出用の機器（設備）には、**押しボタンやベル、ブザー、チャイム**などがあります。発電・変電設備などでは、ベルは**非常事態の警報音**に、ブザーは**異常発生時の注意報**として使用されています。また住宅などでは、チャイムは**玄関の呼び鈴**に、ブザーは劇場などの開演通知の**音響装置**などに使用されています。これらの機器は 小勢力回路で使用されます。

メモ... 小勢力回路とは、小型変圧器を用いた、電圧が60V以下の回路です。

 押しボタン

ボタン部分を押すと接点がONになり、離すとOFFになるスイッチです。
ベル、ブザー、チャイムなどを鳴らすためのスイッチです。壁付は壁側を塗ります。

** ベル**

押しボタンなどと一緒に使用する機器です。警報音などを発します。

警報時　時報時

** ブザー**

押しボタンなどと一緒に使用するブザーです。

警報時　時報時

♪ チャイム

押しボタンなどと一緒に使用するチャイムです。

電気温水器の配線図

　最近では電気料金の安い夜間に運転する給湯器（電気温水器）を設置する家庭が増えています。この電気温水器の配線は、他の機器とは異なるので、ここで紹介しておきます。

　電気温水器の配線は、他の機器のように**屋内配線の分電盤から延ばすのではなく、受電点から「電気温水器配線」として分けて書きます。**試験では、配線図の各所で使用する機器について、穴埋め形式で出題されるので、**タイムスイッチから電気温水器までの配線**を覚えておいてください。使用する機器は前節までに解説してきた機器なので以下の配線図を見ると内容を理解できると思います。

電気温水器の配線図

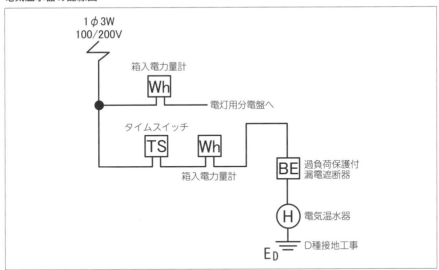

参考・引用文献：オーム社編（2011），第二種電気工事士筆記完全マスター，P150，オーム社

 電気温水器は、屋内配線とは別に分けて書かれるのですね。

 でも、屋内配線の図記号をしっかりと覚えていれば答えられる問題ばかりなので、安心してくださいね。

三相誘導電動機

　誘導電動機とは、交流電源で回転するモータです。誘導電動機には、家庭の冷蔵庫や洗濯機などに使用されている「**単相誘導電動機**」や、工場のクレーンやエレベータなどに使用される「**三相誘導電動機**」があります。

　三相誘導電動機には「かご形」と「巻線形」の2つがあり、試験では「**三相かご形誘導電動機**」が出題されます（次図参照：以降は単に「三相誘導電動機」と表記します）。ここでは、三相誘導電動機の特性を理解しましょう。

三相かご形誘導電動機

回転方向の変更

　三相誘導電動機では、**モータの回転方向の変更**に関する問題が出題されます。

　電源は3相（R・S・T相）なので、三相誘導電動機は右図のように**3本を結んで動かします**。

　回転方向を変えるには、その3本の線のうち、任意の**2本を入れ替える**と切り替わります（逆回転になります）。

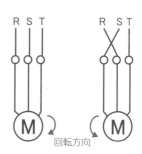

回転方向

 重要！ 「回転方向を変更するには任意の2本を入れ替える」ということを、必ず覚えておいてください。

同期速度

　三相誘導電動機の回転速度のことを「**同期速度**」といいます。同期速度は**1分間あ**たりの回転数で表します（単位は[min⁻¹]）。同期速度Nsは次の式で求められます。

$$Ns = \frac{120f}{P} \ [min^{-1}] \qquad (f：周波数[Hz]、P：極数)$$

三相誘導電動機と周波数

　交流で使用する電動機は、**電源の周波数が高くなると同期速度が速く**なります。これは上記の「同期速度」の計算式から、電動機の回転数（同期速度）は**周波数に比例する**からですが、計算が苦手な人は、周波数が高く（低く）なると特性がどのように変化するかを覚えておいてください。

《定格50Hzを60Hzで使用すると…》	《定格60Hzを50Hzで使用すると…》
・回転数が約1.2倍になる	・回転数が約8割になる（20％落ちる）
・トルクが落ちる	・トルクが増える
・力率が良くなる	・力率が悪くなる

始動方法

　三相誘導電動機を回転させると、モータの動きはじめ（始動開始）から通常の回転速度に到達するまでに、非常に大きな電流が流れます。この運転開始時の電流のことを「**始動電流**」といい、始動電流は、通常電流（全負荷電流）の**4〜8倍**の大きさになります。そのため大型（5.5KW以上）の三相誘導電動機では、**スターデルタ始動器**を用いて始動電流を小さくします。

　この始動器を用いる始動法を**スターデルタ始動法**（次項参照）といいます。また、始動器を用いずに電源を直接三相誘導電動機に接続して始動する方法を「**じか入始動法（全電圧始動法）**」といいます。

始動電流が「全負荷電流の4〜8倍」という点は必ず覚えておいてください！

 ## スターデルタ始動法

　スターデルタ始動法とは、三相誘導電動機の始動電流を抑制するための始動方法です。始動時に電動機の巻き線を**スター結線（Y結線）**にし、定格速度に近づいたら**デルタ結線（Δ結線）**に切り替えることで、始動電流を$\frac{1}{3}$に抑えます。

　ただし、始動トルクも$\frac{1}{3}$になるため、**始動時間が長く**なります。

スターデルタ始動法

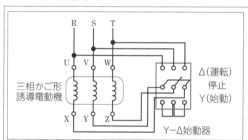

右側の□で囲んだ部分が始動器です。レバーを上に倒すとデルタ結線になり、下に倒すとスター結線になります。

スターデルタ始動器

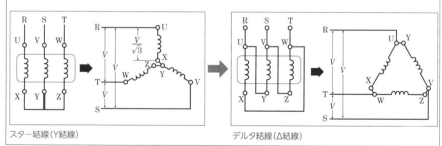

スター結線（Y結線）　　　　　　デルタ結線（Δ結線）

参考・引用文献：オーム社編（2011），第二種電気工事士筆記完全マスター，P54，オーム社

 重要！　　スターデルタ始動法では、始動電流は小さくなります。

電動機の力率改善

　電動機などの巻き線（コイル）に電流が流れると、**電流は電圧より遅れて流れます**（第9章参照）。電流が遅れると電源から供給される電力（皮相電力）よりも、実際に電動機で消費される電力（有効電力＝消費電力）が小さくなり、力率※が悪く（小さく）なってしまいます。そこで、力率改善のために電流を進ませる働きのあるコンデンサを電動機と並列に接続します。このコンデンサを「**低圧進相コンデンサ**」といいます。

※力率とは、供給される電力に対して、どの程度有効な電力として消費されるかを表わす割合です。
力率＝有効電力÷皮相電力（％）

低圧進相コンデンサには、前面に「μF」（マイクロファラッド）という単位が記されています。これが目印です。

低圧進相コンデンサ

ココが出る！ 精選過去問題 & 完全解答

（解答・解説は p.71）

2

機器の図記号に関する問題

問題 2-1

● L で示す図記号の名称は。

（平成29年、令和元年、令和4年）

- イ．位置表示灯を内蔵する点滅器
- ロ．確認表示灯を内蔵する点滅器
- ハ．遅延スイッチ
- ニ．熱線式自動スイッチ

問題 2-2

₂ で示す図記号の名称は。

（平成22年、令和3年）

- イ．火災表示灯
- ロ．リモコンセレクタスイッチ
- ハ．リモコンリレー
- ニ．漏電警報機

問題 2-3

TS で示す図記号の名称は。

（平成22年、平成24年）

- イ．遅延スイッチ
- ロ．タンブラスイッチ
- ハ．小型変圧器
- ニ．タイムスイッチ

問題 2-4

( ) で示す図記号の名称は。

（平成23年、平成25年）

- イ．埋込器具
- ロ．引掛シーリング（丸）
- ハ．天井コンセント（引掛形）
- ニ．ペンダント

問題 2-5

● B で示す図記号の名称は。

（平成24年、平成28年、令和3年）

- イ．圧力スイッチ
- ロ．電磁開閉器用押しボタン
- ハ．押しボタン
- ニ．握り押しボタン

問題 2-6

Wh で示す図記号の名称は。

（平成24年、平成29年）

- イ．電力計
- ロ．タイムスイッチ
- ハ．配線用遮断器
- ニ．電力量計

解 答

問題 2-1 ロ　問題 2-2 ハ　問題 2-3 ニ　問題 2-4 ロ　問題 2-5 ロ　問題 2-6 ニ

問題 2-7

▭◀▶▭ で示す図記号の名称は。

（平成22年、平成24年）

イ．非常用照明
ロ．保安用照明
ハ．誘導灯
ニ．壁付一般照明

問題 2-8

⊕ で示す図記号の名称は。

（平成26年、平成27年、令和5年）

イ．リモコンセレクタスイッチ
ロ．漏電警報機
ハ．リモコンリレー
ニ．火災表示灯

機器の名称から図記号・傍記記号を答える問題

問題 2-9

チャイムを取り付けるとき、表記する図記号は。

（平成21年）

イ. ♩　　ロ. ▢

ハ. ◿　　ニ. T

問題 2-10

接地端子コンセントを取り付けたい。図記号は。

（平成23年）

イ. ⊕E　　ロ. ⊕T

ハ. ⊕EL　　ニ. ⊕ET

問題 2-11

分電盤の図記号は。

（平成25年）

イ. ◪　　ロ. ⊠

ハ. ▱　　ニ. ◤◥

問題 2-12

自動点滅器 ●▢(3A) の図記号の傍記表示として正しいものは。

（平成20年、令和元年）

イ. A　　ロ. T

ハ. P　　ニ. L

解答

問題 2-7 ハ　　問題 2-8 イ　　問題 2-9 イ　　問題 2-10 ニ　　問題 2-11 イ　　問題 2-12 イ

問題 2-13

RC の屋外ユニットの図記号に傍記する表示は。

(平成26年、平成27年、令和2年、令和3年)

イ．B　　　ロ．I
ハ．R　　　ニ．O

問題 2-14

防雨形コンセントの図記号の傍記表示として、正しいものは。

(平成25年)

イ．EX　　　ロ．ET
ハ．WP　　　ニ．H

問題 2-15

屋外灯 は、200〔W〕の水銀灯である。その図記号の傍記表示として、正しいものは。

(平成18年)

イ．H200　　　ロ．F200
ハ．M200　　　ニ．N200

問題 2-16

引掛形コンセントの図記号の傍記表示として、正しいものは。

(平成22年、令和3年)

イ．T　　　ロ．LK
ハ．EL　　　ニ．H

用いる器具の目的や種類に関する問題

問題 2-17

BE で示す図記号を用いる目的は。

(平成20年、平成23年、令和元年)

イ．不平衡電流を遮断する
ロ．過電流と地絡電流を遮断する
ハ．地絡電流のみを遮断する
ニ．短絡電流のみを遮断する

問題 2-18

S f30A で示す図記号を用いる目的の中で、正しいものは。

(平成24年、令和2年)

イ．過電流を遮断する
ロ．地絡電流を遮断する
ハ．過電流と地絡電流を遮断する
ニ．不平衡電流を遮断する

解 答

問題2-13 ニ　　問題2-14 ハ　　問題2-15 イ　　問題2-16 イ　　問題2-17 ロ　　問題2-18 イ

問題 2-19

| Wh | で示す図記号の計器の使用

目的は。

（平成 19 年）

イ．　電力を測定する
ロ．　力率を測定する
ハ．　負荷率を測定する
ニ．　電力量を測定する

問題 2-20

で示す図記号の器具は。

（平成 26 年）

イ．　天井に取り付けるコンセント
ロ．　床面に取り付けるコンセント
ハ．　二重床用のコンセント
ニ．　非常用のコンセント

問題 2-21

下図⑨で示す部分に使用するコン
セントの極配置（刃受）は。

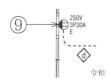

250V
3P30A
E

（平成 28 年、
令和 3 年、令和 4 年）

イ．　　　　　ロ．　　　　　ハ．　　　　　ニ．

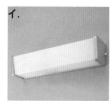

問題 2-22

DL で示す図記号の器具は。

（平成 21 年、平成 25 年）

イ.

ロ.

ハ.

ニ.

問題 2-23

CH で示す図記号の器具は。

（平成 23 年）

イ.

ロ.

ハ.

ニ.

解 答

　問題 2-19　ニ　　　問題 2-20　ロ　　　問題 2-21　ロ　　　問題 2-22　ロ　　　問題 2-23　ニ

問題 2-24

で示す図記号の器具は。 （平成21年）

イ. 　ロ. 　ハ. 　ニ.

問題 2-25

で示す図記号の器具は。 （平成23年、平成27年）

イ. 　ロ. 　ハ. 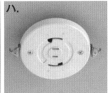　ニ.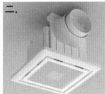

問題 2-26

20A250V E で示す図記号の器具は。 （平成22年）

イ. 　ロ. 　ハ. 　ニ.

解答

問題 2-24　イ　　問題 2-25　ニ　　問題 2-26　ハ

問題 2-27

●4 で示す図記号の器具は。

（平成23年）

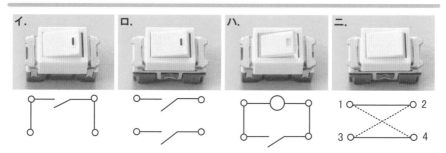

問題 2-28

─ B 200V ▶ で示す B 部分に取り付ける器具は。

（平成23年）

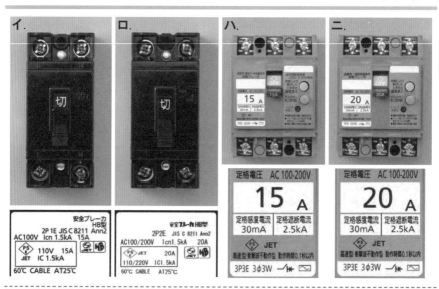

解 答

問題 2-27 ニ　　問題 2-28 ロ

問題 2-29

下図の□で示す部分に取り付ける
計器の図記号は。

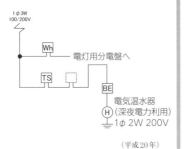

1 φ 3W
100/200V

Wh ── 電灯用分電盤へ

TS

BE
ⓗ 電気温水器
（深夜電力利用）
1φ 2W 200V

（平成 20 年）

イ． CT

ロ． Wh

ハ． S

ニ． Ⓦ

一般照明に関する問題

問題 2-30

白熱電球と比較して、電球形LED
ランプ（制御装置内蔵形）の特徴と
して誤っているものは。

（平成29年、平成30年）

イ． 力率が低い
ロ． 発光効率が高い
ハ． 価格が高い
ニ． 寿命が短い

問題 2-31

図に示す蛍光灯回路のコンデンサ
の主な目的は。

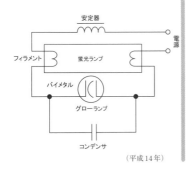

安定器

電源

フィラメント 蛍光ランプ

バイメタル

グローランプ

コンデンサ

（平成14年）

イ． 効率を良くする
ロ． 点灯を早くする
ハ． 明るさを増す
ニ． 雑音（電波障害）を防止する

解答

問題 2-29 ロ   問題 2-30 ニ   問題 2-31 ニ

問題 2-32

蛍光灯を同じ消費電力の白熱電灯と比べた場合、正しいものは。

(平成21年、平成27年、令和4年)

イ. 発光効率が高い
ロ. 雑音（電磁雑音）が少ない
ハ. 寿命が短い
ニ. 力率が良い

問題 2-33

点灯管を用いる蛍光灯と比較して、高周波点灯専用形蛍光灯の特徴として、誤っているものは。

(平成25年、令和4年)

イ. ちらつきが少ない
ロ. 発光効率が高い
ハ. インバータが使用されている
ニ. 点灯に要する時間が長い

問題 2-34

写真に示す器具の名称は。

(平成23年)

イ. キーソケット
ロ. ランプレセプタクル
ハ. プルソケット
ニ. 線付防水ソケット

問題 2-35

写真に示す器具の用途は。

(平成25年、令和3年)

イ. 蛍光灯の放電を安定させるために用いる
ロ. 電圧を変成させるために用いる
ハ. 力率を改善するために用いる
ニ. 手元開閉器として用いる

問題 2-36

写真に示す器具の名称は。

(平成19年)

イ. 引掛けシーリング（ボディ）
ロ. ユニバーサル
ハ. コードコネクタ
ニ. ねじ込みローゼット

解答

問題 2-32 **イ**　　問題 2-33 **ニ**　　問題 2-34 **ニ**　　問題 2-35 **イ**　　問題 2-36 **イ**

配線器具・機器に関する問題

問題 2-37
住宅で使用する電気食器洗い機用のコンセントとして、最も適しているものは。

（平成23年、平成26年、令和元年）

- **イ.** 接地端子付コンセント
- **ロ.** 抜け止め形コンセント
- **ハ.** 接地極付接地端子付コンセント
- **ニ.** 引掛形コンセント

問題 2-38
コンセントの使用電圧と刃受の極配置との組合せとして、誤っているものは。ただし、コンセントの定格電流は15（A）とする。

（平成14年、平成22年）

イ. 単相 200V **ロ.** 単相 100V **ハ.** 単相 100V **ニ.** 単相 200V

問題 2-39
電灯器具を引きひもで点滅させるために使用するスイッチの種類は。

（平成17年）

- **イ.** リモコンスイッチ
- **ロ.** プルスイッチ
- **ハ.** コードスイッチ
- **ニ.** ペンダントスイッチ

問題 2-40
1灯の電灯を3箇所のいずれの場所からでも点滅できるようにするためのスイッチの組合せとして、適切なものは。

（平成15年、平成18年）

- **イ.** 3路スイッチ3個
- **ロ.** 単極スイッチ2個と3路スイッチ1個
- **ハ.** 単極スイッチ1個と4路スイッチ2個
- **ニ.** 3路スイッチ2個と4路スイッチ1個

問題 2-41
漏電遮断器に内蔵されている零相変流器の役割は。

（平成19年、平成24年、令和2年）

- **イ.** 地絡電流の検出
- **ロ.** 短絡電流の検出
- **ハ.** 過電圧の検出
- **ニ.** 不足電圧の検出

問題 2-42
組合せて使用する機器で、その組合せが明らかに誤っているものは。

（平成29年、令和5年、令和6年）

- **イ.** ネオン変圧器と高圧水銀灯
- **ロ.** 零相変流器と漏電遮断器
- **ハ.** 光電式自動点滅器と庭園灯
- **ニ.** スターデルタ始動器と一般用三相かご形誘導電動機

解 答

問題 2-37 ハ　**問題 2-38** イ　**問題 2-39** ロ　**問題 2-40** ニ　**問題 2-41** イ　**問題 2-42** イ

配線器具・機器（鑑別）の問題

問題 2-43

写真に示す器具の○で囲まれた部分の名称は。

（平成25年、平成29年、令和2年）

イ．　電磁接触器
ロ．　漏電遮断器
ハ．　熱動継電器
ニ．　漏電警報機

問題 2-44

写真に示す器具の用途は。

（平成23年、平成25年、令和5年）

イ．　白熱電灯の明るさを調節するのに用いる
ロ．　人の接近による自動点滅に用いる
ハ．　蛍光灯の力率改善に用いる
ニ．　周囲の明るさに応じて屋外灯などを自動点滅させるのに用いる

問題 2-45

写真に示す器具の名称は。

（平成20年、平成23年）

イ．　タイムスイッチ
ロ．　調光器
ハ．　電力量計
ニ．　自動点滅器

解答

　問題 2-43　イ　　　問題 2-44　ニ　　　問題 2-45　イ

問題 2-46

写真に示す器具の用途は。

イ．地絡電流を検出し、回路を遮断するのに用いる

ロ．過電圧を検出し、回路を遮断するのに用いる

ハ．地絡電流を検出し、警報を発するのに用いる

ニ．過電圧を検出し、警報を発するのに用いる

（平成24年）

三相誘導電動機に関する問題

問題 2-47

三相誘導電動機を逆回転させるための方法は。

（平成24年、平成28年）

イ．三相電源の3本の結線を3本とも入れ替える

ロ．三相電源の3本の結線のうち、いずれか2本を入れ替える

ハ．コンデンサを取り付ける

ニ．スターデルタ始動器を取り付ける

問題 2-48

一般用かご形誘導電動機に関する記述で誤っているのは。

（平成25年、平成29年、令和2年）

イ．じか入れ（全電圧）始動での始動電流は全負荷電流の4〜8倍程度である

ロ．電源の周波数が60（Hz）から50（Hz）に変わると回転速度が増加する

ハ．負荷が増加すると回転速度がやや低下する

ニ．3本のうちいずれか2本を入れ替えると逆回転する

問題 2-49

必要に応じ始動時にスターデルタ始動を行う電動機は。

（平成20年、令和3年、令和5年）

イ．三相巻線形誘導電動機

ロ．三相かご形誘導電動機

ハ．直流分巻電動機

ニ．単相誘導電動機

問題 2-50

三相誘導電動機の始動において、全電圧始動（じか入れ始動）に対して、スターデルタ始動器の特徴として正しいものは。

（令和元年、令和4年、令和6年）

イ．始動電流が小さくなる

ロ．始動トルクが大きくなる

ハ．始動時間が短くなる

ニ．始動時の巻線に加わる電圧が大きくなる

解 答

　問題 2-46　ハ　　　問題 2-47　ロ　　　問題 2-48　ロ　　　問題 2-49　ロ　　　問題 2-50　イ

問題 2-51

低圧三相誘導電動機に対して低圧進相コンデンサを並列に接続する目的は。

(平成19年、平成24年、令和3年)

イ．電動機の振動を防ぐ
ロ．回路の力率を改善する
ハ．回転速度の変動を防ぐ
ニ．電源の周波数の変動を防ぐ

問題 2-52

三相誘導電動機が周波数50 (Hz)の電源で無負荷運転されている。この電動機を周波数60 (Hz)の電源で無負荷運転した場合の回転速度は。

(平成29年、令和4年、令和5年)

イ．回転速度は変化しない
ロ．回転しない
ハ．回転速度が減少する
ニ．回転速度が増加する

問題 2-53

定格周波数60 (Hz)、極数4の低圧三相かご形誘導電動機の同期回転速度 (min^{-1}) は。

(平成27年、令和2年、令和5年)

イ．1200
ロ．1500
ハ．1800
ニ．3000

問題 2-54

力率の最も良い電気機械器具は。

(平成24年、平成27年、令和4年)

イ．電気トースター
ロ．電気洗濯機
ハ．電気冷蔵庫
ニ．LED電球（制御装置内蔵形）

解答

　問題 2-51 ロ　　**問題 2-52** ニ　　**問題 2-53** ハ　　**問題 2-54** イ

解 答 ・ 解 説

解答 2-1
ロ

確認表示灯を内蔵する点滅器です。スイッチをONにする（閉じる）と内蔵したランプが点灯します。

解答 2-2
ハ

リモコンリレー2個を集合して取り付けています。

解答 2-3
ニ

タイムスイッチを表します。遅延スイッチは ●ₒ 、タンブラスイッチは ● 、小型変圧器は Ⓣ です。

解答 2-4
ロ

引掛シーリング（丸）を表します。埋込器具は Ⓓ₂ 、天井コンセント引掛形は ⒤ₜ 、ペンダントは ⊝ です。

解答 2-5
ロ

電磁開閉器用押しボタンを表します。

解答 2-6
ニ

電力量計を表します。

解答 2-7
ハ

誘導灯を表します。非常用照明は ▭● 、保安用照明は ▨ 、壁付一般照明は ▭○▭ です。

解答 2-8
イ

リモコンセレクタスイッチを表します。ロは ⊘ᴳ 、ハは ▲ 、ニは ⊗ です。

解答 2-9
イ

ロはベル、ハはブザー、ニは時報用ブザーを表します。

解答 2-10
ニ

イは接地極付コンセント、ロは引掛形コンセント、ハは漏電遮断器付コンセントを表します。

解答 2-11

イ

ロは**配電盤**、ハは **OA 盤**、ニは**制御盤**を表します。

解答 2-12

イ

自動点滅器は ● A(3A) で、**A** は自動(オート)、**3A** は容量(定格電流)を表します。ロはタイマ付スイッチ、ハはプルスイッチ、ニは確認表示灯内蔵スイッチを表します。

解答 2-13

ニ

ルームエアコンの屋外ユニットは **O** (Outdoor)、屋内ユニットは **I** (Indoor) を傍記します。

解答 2-14

ハ

WP は「Water Proof」の頭文字です。

解答 2-15

イ

H は水銀灯、**F** は蛍光灯、**M** はメタルハライド灯、**N** はナトリウム灯を表します。

解答 2-16

イ

T は引掛形、**LK** は抜け止め形、**EL** は漏電遮断器付、**H** は医療用コンセントを表します。

解答 2-17

ロ

過負荷保護付漏電遮断器です。過電流と地絡電流を遮断する機能があります。**B** で過電流(流し過ぎ)を、**E** で地絡電流(Earth への漏れ)を検知して遮断します。

解答 2-18

イ

電流計付開閉器に **30A のヒューズ(f30A)** が取り付けてあります。ヒューズは過電流遮断器ですので、過電流を遮断します。

重要！

問題 2-17、2-18 で過電流と地絡電流のどちらを遮断するか理解しましょう！

解答 2-19

ニ

電力量計の図記号です。

解答 2-20

ロ

イは ⊕ 、ハは ⊞ 、ニは ⊡ です。

解答 2-21

ロ

⊖ 250V 3P30A E は、**3極30A250V**のコンセントを表します。イは ⊖ 250V 3P30A、

ハは ⊖ T 250V 3P20A 、ニは ⊖ T 250V 3P20A E です。ハとニは、**引掛形の接地極付**と

接地極なしになります。

解答 2-22

ロ

埋込器具(ダウンライト)です。イは壁付蛍光灯、ハは蛍光灯、ニは壁付照明器具です。

解答 2-23

ニ

シャンデリアです。イは壁付照明器具、ロは蛍光灯、ハは埋込器具(ダウンライト)です。

解答 2-24

イ

図記号は**小型変圧器**、写真は**小型変圧器(チャイム用)**です。ロは低圧進相コンデンサ、ハはタイムスイッチ、ニは電磁開閉器です。低圧進相コンデンサは電動機などの**力率を改善する**のに使用します。電磁開閉器は、電磁接触器と熱動継電器(サーマルリレー)を組み合わせたもので、電動機の運転・停止をする開閉器です。

解答 2-25

ニ

天井付換気扇です。イは火災警報器、ロは換気扇、ハはコンセント付引掛シーリングです。

解答 2-26

ハ

イは ⊖ 15A250V E 、ロは ⊖ 20A E 、ニは ⊖ E です。コンセントの極配置(刃受)は15Aと20A、100Vと200Vで変わります。

解答 2-27

ニ

4路スイッチです。イは単極(片切)スイッチ ●、ロは2極(両切)スイッチ ●2P、ハは位置表示内蔵(蛍)スイッチ ●H です。

解答 2-28

ロ

配線用遮断器です。イ、ロが配線用遮断器、ハ、ニが漏電遮断器なので、選ぶのはイ、ロからです。200V回路用はロになります。漏電遮断器には**黄色のテストボタン**があります。

解答 2-29

ロ

電力量計です。イは変流器、ハは開閉器、ニは電力計です。

解答2-30

ニ

白熱電球の寿命が1,000～2,000時間であるのに対し、電球形LEDランプの寿命は40,000時間です。

解答2-31

ニ

蛍光灯のコンデンサは、**雑音防止用のコンデンサ**です。

解答2-32

イ

白熱電灯では、電力のほとんどが**熱エネルギー**に費やされるため、力率は高いのですが、発光効率は低いです。一方、**蛍光灯は安定器にコイル**が使用されているため、力率が低く、発光効率は高いという特徴があります。

解答2-33

ニ

高周波点灯専用形蛍光灯は、点灯式と比べ、点灯に要する時間は少なく、他にも**ちらつきを感じない**、発光効率が高い、**騒音が少ない**などの特徴があります。

解答2-34

ニ

器具の名称は、**線付防水ソケット**です。

解答2-35

イ

器具の名称は、**蛍光灯用の安定器**です。

解答2-36

イ

器具の名称は、**引掛けシーリング（ボディ）の丸形**です。

解答2-37

ハ

電気食器洗い機や電気洗濯機、電子レンジのコンセントにもっとも適しているのは、**接地極付接地端子付コンセント**です。

解答2-38

イ

イの極配置は、**単相100V**です。

解答2-39

ロ

プルスイッチは、高い場所に取り付けて、紐を引っ張って点滅します。

解答 2-40

二

3箇所での例は、次図を参照してください。

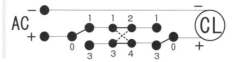

解答 2-41

イ

零相変流器は、配線や機器の地絡電流を検出します。

解答 2-42

イ

ネオン変圧器は、ネオン放電管を点灯させるための変圧器です。**高圧水銀灯**には放電を安定させる安定器が必要です。

解答 2-43

イ

○の部分は**電磁接触器**です。下の部分は**熱動継電器**です。全体で**電磁開閉器**といいます。

解答 2-44

二

写真の器具は、**自動点滅器**です。

解答 2-45

イ

写真の器具は、**タイムスイッチ**です。設定した時間に点滅を行います。

解答 2-46

ハ

写真は**漏電警報機**です。付属品の零相変流器が地絡（漏れ）電流を検出し、設定以上になると、本体が警報を発します。

解答 2-47

ロ

三相誘導電動機の回転方向を変えるには、三相電源の3本の結線のうち、**いずれか2本**を入れ替えます。

解答 2-48

ロ

三相誘導電動機は、**周波数が減少すると同期速度も減少**します。電動機の同期速度を求める式「$Ns = \dfrac{120f}{P}[\text{min}^{-1}]$」（f：周波数　P：極数）から、周波数は同期速度に比例するので、周波数が減少すると同期速度（回転速度）も減少します。

解答 2-49

ロ

三相誘導電動機の始動電流を抑制するための始動方法として**スターデルタ始動法**を用います。この方式は、始動時に電動機の巻き線を**スター（Y）結線**にし、運転時に**デルタ（Δ）結線**に切り替えることで始動電流を$\frac{1}{3}$に制限する方法です。ただし、始動トルクも$\frac{1}{3}$になるため、始動時間が長くなります。

解答 2-50

イ

スターデルタ始動器を用いると、三相誘導電動機の始動電流は、じか入れに比べて**小さく**なります（$\frac{1}{3}$程度になります）。

解答 2-51

ロ

電動機と低圧コンデンサを**並列**に**接続**することで、回路の力率を改善します。力率が改善すると、電源側の電線に流れる電流が減少します。

解答 2-52

ニ

三相誘導電動機は周波数が増加すると同期速度も増加します。電動機の同期速度を求める式「$Ns = \frac{120f}{P}[\text{min}^{-1}]$」（f：周波数　P：極数）から、周波数は同期速度に比例するので、周波数が増加すると同期速度（回転速度）も増加します。

解答 2-53

ハ

同期速度を求める式「$Ns = \frac{120f}{P}[\text{min}^{-1}]$」に代入すると、$Ns = 120 \times 60 \div 4 = \mathbf{1800}[\text{min}^{-1}]$になります。したがって、1800が求める答えになります。

解答 2-54

イ

電気トースターは、電気抵抗の発熱を利用した機器なので力率はほぼ100％です。電気洗濯機や電気冷蔵庫には電動機が組み込まれているので、力率は良くありません。LEDには交流→直流をLEDに供給する回路が組み込まれているため、力率は低くなります。

写真を見て名前と形を覚えよう！

工事用の材料と工具

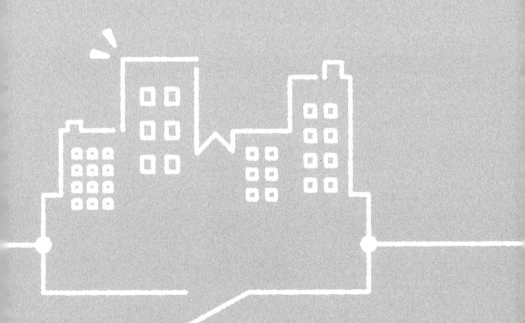

工事用材料とは

　ここからは、実際の電気工事で使用するケーブルや配管付属品などの**工事用材料**を解説していきます。試験では一般的にはあまりなじみのない材料や工具なども出題されるので、初心者の方は雲をつかむような気持ちになるかもしれませんが、写真を見ながら1つずつ名称と形を覚えていってください。工事用材料を覚える際は、**名称**と**用途**、**写真**の3つを同時に覚えていく方法が最も効率的です。暇な時間に写真を眺めているだけでも徐々に覚えられます。

 電線管

　学科試験の配線図問題では、次表の電線管が出題されます。**波付硬質合成樹脂管（FEP）を除き**、いずれの電線管にも必ず絶縁電線（IV線）が収められます（FEPには絶縁電線ではなく、**ケーブル**が収められます）。各電線管の特徴を理解しておくことが大切です。

👜 **電線管の種類**

名称	用途・写真	図記号
薄鋼電線管 （うすこう）	ねじを切って使用します。右の図ではねじが切ってあります。	—//— IV1.6（19）
鋼製（ねじなし） 電線管 （こうせい）	ねじを切らずに使用します。	—//— IV1.6（E19）
合成樹脂製 可とう電線管 （か） （PF管）	可とう性（たわむ性質）を持った電線管です。	—///— IV1.6（PF16）

名称	用途・写真	図記号
硬質塩化ビニル 電線管 （VE管）	よく目にする合成樹脂管です。	—//— IV1.6（VE16）
波付硬質合成樹脂管 （FEP）	地中埋設する際に使用する管です。ケーブルを管路式で地中埋設します。	CV5.5–2C（FEP20）

3

重要! 電線管の図記号については、p.21 を参照してください。図記号と写真、および用途を併せて覚えておくことをお勧めします。

配管付属品

　配管付属品とは、電線の接続部分とコンセントやスイッチを取り付けるために用いる材料です。各部品の**名称**と写真が一致するように覚えておくことが大切です。また、プレートに関しては**取り付け方**を把握しておく必要があります。

アウトレットボックス

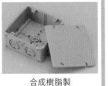

合成樹脂製

金属製

用途 電線の接続や、電線の引き入れを容易にするため、または照明器具を取り付けるために使用する器具

プルボックス

用途 電線の接続や、電線の引き入れを容易にするために使用する器具

コンクリートボックス

用途 コンクリート埋め込み用のボックス、底面が外せる

VVF用ジョイントボックス

用途 VVFケーブルを接続する

スイッチボックス（埋込形）

金属製　　　　　合成樹脂製

用途 スイッチやコンセントを取り付ける

露出形スイッチボックス

金属製　　　　　合成樹脂製

用途 スイッチやコンセントを取り付ける

プレート

1口用　　　2口用　　　3口用

用途 連用取付枠に固定した埋込器具に合わせてスイッチボックスを取り付けるプレート

連用取付枠

用途 埋込器具を固定するときに使用する

プレートと連用取付枠の取り付け方

　学科試験では、**スイッチやコンセントを取り付ける場合に必要なプレートの枚数**を問う問題が出題されます。器具の個数によって取り付けるプレートの種類が異なりますので、理解しておいてください。

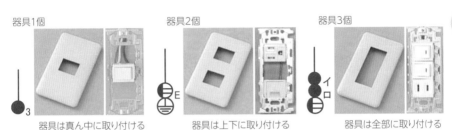

器具1個　　　　　　　器具2個　　　　　　　器具3個

器具は真ん中に取り付ける　　器具は上下に取り付ける　　器具は全部に取り付ける

　コンセントやスイッチなどの埋込器具を取り付ける場合は、最初に、器具を**連用取付枠**(前ページ参照)に取り付けます。取り付ける位置はプレートによって異なります。1個のときは真ん中、2個のときは上下に固定します。

　次に、スイッチボックスに**連用取付枠**を取り付けて、その上からプレートをはめ込みます。

スイッチボックスに配線器具を取り付ける

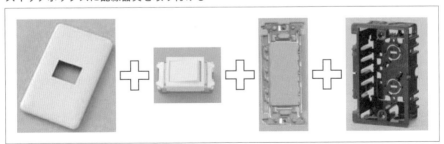

重要!　プレートやコンセント、スイッチの取り付け方法に関する問題は、第2種電気工事士試験によく出題されるので、必ず覚えておいてください。

ボックス・電線管付属品

ロックナット

用途 薄鋼電線管をボックスに固定する際に使用する

絶縁ブッシング

用途 電線の絶縁被覆を保護するために、金属管の管端やボックスコネクタに取り付ける

ねじなしボックスコネクタ

用途 ねじなし電線管をボックスに接続する（ロックナットで固定する）

ストレートボックスコネクタ

用途 薄鋼電線管をボックスに接続する

PF管用ボックスコネクタ

用途 合成樹脂製可とう電線管（PF管）をボックスに接続する

2号コネクタ

用途 VE管をボックスに接続する

ねじなしカップリング

用途 ねじなし電線管相互を接続する

コンビネーションカップリング

用途 2種金属製可とう電線管と金属管を接続する

カップリング

用途 薄鋼電線管相互の接続に使用する

合成樹脂製可とう電線管用カップリング

用途 合成樹脂製可とう電線管相互を接続する

TSカップリング

用途 硬質塩化ビニル電線管相互を接続する

リングレジューサ

用途 ボックスの径が金属管の径より大きいときに使用する（2枚1組）

ゴムブッシング

用途 金属製ボックスの穴にケーブルを保護するために取り付ける

パイラック

用途 金属管を鉄骨に固定するときに使用する

サドル

金属管用　　　　　合成樹脂管用

用途 金属管や合成樹脂管（PF管・VE管）を造営材に固定する

ステープル

用途 VVFケーブルを造営材に固定する

ノーマルベンド

用途 金属管が直角に曲がるところに使用する

ユニバーサル

用途 金属管が直角に曲がるところに使用する

エントランスキャップ

用途 金属管の管端に取り付けて、雨水の浸入を防ぐ

ターミナルキャップ

用途 金属管の管端に取り付けて、電動機などの機器に電線を接続する

重要! ボックス・電線管付属品に関する材料の中では、絶縁ブッシング、**TS カップリング**、ねじなしボックスコネクタの3つが特によく出題されています。これらについては少なくとも、写真を見て名称がいえるようになっておいてください。

　上記を見るとわかるとおり、ボックス・電線管付属品は大きく以下の「4種類＋その他」に分類できます。分類しておくと覚えやすくなります。

📛 ボックス・電線管付属品の種類

種類	説明
ブッシング	電線が傷つかないように、金属管などの管端に取り付ける器具
ボックスコネクタ	電線管とアウトレットボックスを接続する器具
カップリング	2つのものを組み合わせたり、結合させたりする器具。または、その用途に使われる材料
サドル、ステープル	金属管・合成樹脂管やケーブルを造営材に固定するときに使用する器具
その他	金属管に接続したり管端に取り付ける器具

メモ... エントランスキャップとターミナルキャップは、一見しただけではどちらも同じように見えますが、電線を引き出す孔が異なります。前者は45度の角度がついているのに対し、後者は直角です。また配管は、前者が垂直・水平配管が可能なのに対し、後者は水平配管に限られます。

メモ... カップリング、ボックスコネクタには上記以外に「ユニオンカップリング」（両方とも回すことのできない薄鋼電線管相互の接続に使用）があります。

その他の材料

ケーブルラック

用途 ケーブルを支持・固定する

ライティングダクト

用途 導体が組み入れられたダクト。照明器具を任意の場所で使用できる

ノブがいし

用途 がいし引き工事で使用する電線を支持する

引止めがいし

用途 引込口で電線を引き止める

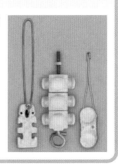

チューブサポート

用途 ネオン工事でネオン管の支持に使用する

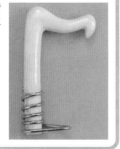

金属管やPF管と、アウトレットボックスの取り付け

金属管やPF管と、**アウトレットボックス**は、次のようにして取り付けます。

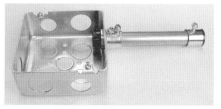

金属管とアウトレットボックス

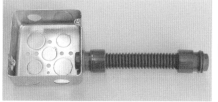

PF管とアウトレットボックス

 ## 電線接続材料

電線の接続には主に、**リングスリーブや差込形コネクタ**を使用します。なお、電線の接続については**電技解釈 第12条**に規定があります（第6章参照）。

リングスリーブ（E形）

大　　中　　小

用途 電線相互をスリーブで圧着する

差込形コネクタ

4本、3本、2本用

用途 電線相互を差し込んで結線する

 電線相互とは「電線同士（電線と電線）」という意味です。「電線相互を差し込んで結線する」とは「電線と電線を差し込んで結線する」という意味になります。

圧着端子	ねじ込みコネクタ
用途 電線の端に取り付けて、機器の端子に接続する 	 **用途** 電線相互をねじ込んで結線する

 電線接続材料は種類が少ないので覚えやすいですね。

 でも油断は禁物ですよ。また、スリーブの接続については細かい内容が出題されることもあるのでしっかりと覚えておくことが必要です。

🔔 スリーブの接続

　リングスリーブの接続には後述の**リングスリーブ圧着工具**（黄色の柄）を使用します。この圧着工具には複数種類のリングスリーブ（小・中・大）があり、どのリングスリーブを使用して圧着するかは、**スリーブの種類**、および**電線の太さと本数**によって決まります（右図参照）。

　なお、**小スリーブには2種類の刻印がある**ため、**圧着する電線の直径と本数**に注意する必要があります。

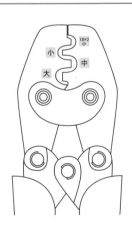

🔩 スリーブの接続（単線）

スリーブ	刻印	電線の組み合わせ
小スリーブ	○	1.6mm：2本
	小	1.6mm：3〜4本
		2.0mm：1本 + 1.6mm：1〜2本
		2.0mm：2本
中スリーブ	中	2.0mm：3〜4本
		2.0mm：1本 + 1.6mm：3〜5本
		2.0mm：2本 + 1.6mm：1〜3本
		2.0mm：3本 + 1.6mm：1本
		2.6mm：2本
大スリーブ	大	1.6mm：7本
		2.0mm：5本
		2.6mm：3本

　例えば、1.6mm×2本の場合は（○）の刻印、1.6mm×3本の場合は（小）の刻印を使用します。リングスリーブ圧着工具を使用してスリーブを圧着すると、右図のように、使用した箇所に応じた刻印が、スリーブに残されます。

重要！ スリーブの接続方法については、スリーブの種類および刻印を確実に理解しておいてください。配線図のジョイントボックス内の接続で、スリーブの設問が出題されています。また最近では刻印に関しても出題されていますので、特に上表の赤字部分を覚えておきましょう。

メモ... より線をリングスリーブで圧着する場合は、ほぼ同じ許容電流（p.299）の単線に置き換えて考えてください。

- ・より線2mm^2 ＝単線1.6mm
- ・より線3.5mm^2 ＝単線2.0mm
- ・より線5.5mm^2 ＝単線2.6mm

02 工事用の工具

　工具については、**工事内容ごと**に工具を分類して把握しておきます。例えば「パイプバイス」や「パイプベンダ」は金属管工事でしか使用しませんし、「面取器」や「ガストーチランプ」は合成樹脂管工事でしか使用しません。それぞれの工事の代表的な工具を理解しておくことが大切です。

 ## 金属管工事で使用する工具

パイプバイス	金切りのこ
	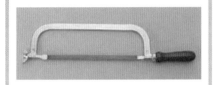
用途 金属管を固定するときに使用する	**用途** 金属管を切断する

パイプカッタ	高速切断機
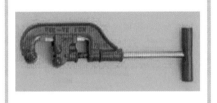	
用途 太い金属管を切断する	**用途** 金属管や鋼材を切断する

リード形ねじ切り器

用途 ダイスを取り付けて、薄鋼電線管のねじを切る

油さし

用途 ねじ切りや切断時に油を差す

平やすり

用途 金属管の切断面のバリ取りなどに使用する

サンダー（ディスクグラインダー）

©webdesignhot

用途 切断した鋼材や金属管のバリ取り、仕上げに使用する

パイプベンダ

用途 金属管を曲げる

クリックボールとリーマ

リーマ

用途 クリックボールにリーマを取り付けて、切断した金属管の内側面のバリを取る

パイプレンチ

用途 カップリングを締め付けるときに使用

ウォーターポンプ プライヤ

用途 ロックナットを締め付ける

🏠 ケーブル工事で使用する工具

金槌（ハンマー）

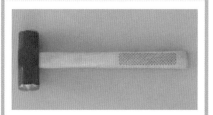

用途 造営材にケーブルをステープルで留めるときに使用する

コードレスドリルと 木工ドリルビット

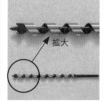

拡大

用途 木製の天井などに穴を開けるときに使用する

羽根きり

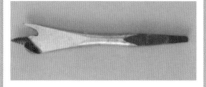

用途 クリックボール（前ページを参照）に取り付けて、木材に穴を開ける

ケーブル工事で使用する工具は3種類しかないので、すぐに覚えられますね！
羽根きりは、金属管工事で使用するクリックボールと組み合わせて使用するという点に注意してください。

合成樹脂管工事で使用する工具

合成樹脂管用カッタ（塩ビカッタ）

用途 硬質塩化ビニル電線管を切断する

樹脂フレキシブル管カッタ

用途 PF管やCD管を切断する

面取器

用途 硬質塩化ビニル電線管の内側・外側の面取りをする

ガストーチランプ

用途 硬質塩化ビニル電線管を加熱して曲げる

 ## 電線接続・切断工具

リングスリーブ圧着工具

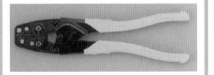

用途 電線を接続する際にリングスリーブを圧着する。柄が黄色

圧着端子用圧着工具

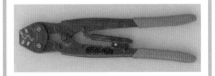

用途 圧着端子に電線を圧着する。柄が赤色

手動油圧式圧着器

用途 太い電線の圧着接続に使用

ケーブルストリッパ

用途 VVF ケーブルの外装や絶縁被覆を剥ぎ取るのに用いる

ペンチ

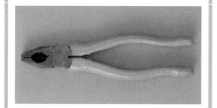

用途 細いケーブルや電線を切断する

ケーブルカッタ

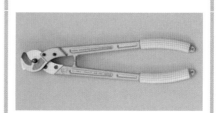

用途 ケーブルや太い電線を切断する

タップ

用途 金属管に開けた穴にねじの溝を切るために使用する

レーザー墨出し器

用途 器具等を取り付けるための基準線を投影するために用いる

メモ… 電線接続・切断工具には上記の他に、電線やメッセンジャワイヤを切断する「ボルトクリッパ」や、太いケーブルを切断する「手動油圧式ケーブルカッタ」もあります。

穴を開ける工具およびその他の工具

3

ノックアウトパンチャ

用途 金属板や金属製キャビネットに穴を開ける

ホルソ

用途 クリックボールに取り付けて金属板に穴を開ける

張線器
<small>ちょうせんき</small>

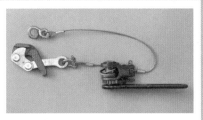

用途 電線やメッセンジャワイヤのたるみを取る

呼線挿入器
<small>よびせん</small>

用途 電線管に電線を通線する通線器

 メモ… 上記の他に、穴を開ける道具として、コンクリートに穴を開けるときは振動ドリルを使用します。

工事で使用する材料や工具についてはこれですべてです。数が多いので最初は圧倒されるかもしれませんが、時間があるときに繰り返し眺めると、徐々に覚えていけますので、あまり焦って一度にすべてを覚えようとしなくても大丈夫です。

形状や名前が特徴的なものは覚えやすいですが、似た形状のものや、名前が複雑なものはなかなか覚えられないです。

実際に使うところをイメージしながら写真を見ると、記憶に残りやすいと思いますよ。

ココが出る！精選過去問題 & 完全解答

(解答・解説は p.109)

工事用材料に関する問題

問題3-1
アウトレットボックス（金属製）の使用方法として、不適切なものは。

イ． 金属管工事で電線の引き入れを容易にするのに用いる
ロ． 配線用遮断器を集合して設置するのに用いる
ハ． 金属管工事で電線相互を接続する部分に用いる
ニ． 照明器具などを取り付ける部分で電線を引き出す場合に用いる

（令和元年、令和5年、令和6年）

問題3-2
プルボックスの主な使用目的は。

イ． 多数の金属管が集合する場所で、電線の引き入れを容易にするために用いる
ロ． 多数の開閉器を集合して接地するために用いる
ハ． 埋め込みの金属管工事で、スイッチやコンセントを取り付けるために用いる
ニ． 天井に比較的重い照明器具を取り付けるために用いる

（平成24年、令和4年、令和5年）

問題3-3
金属管工事で使用されるリングレジューサの使用目的は。

イ． 両方とも回すことのできない金属管相互を接続するときに使用する
ロ． 金属管相互を直角に接続するときに使用する
ハ． 金属管の管端に取り付け、引き出す電線の被覆を保護するときに使用する
ニ． アウトレットボックスのノックアウト（打抜き穴）の径が、それに接続する金属管の外径より大きいときに使用する

（平成23年、令和3年、令和4年）

問題3-4
エントランスキャップの使用目的は。

イ． フロアダクトの終端部を閉そくするために使用する
ロ． コンクリート打ち込み時に金属管内にコンクリートが侵入するのを防止するために使用する
ハ． 金属管工事で管が直角に屈曲する部分に使用する
ニ． 主として垂直な金属管の上端部に取り付けて、雨水の浸入を防止するために使用する

（平成24年、令和3年）

解答
問題3-1 ロ 問題3-2 イ 問題3-3 ニ 問題3-4 ニ

問題3-5
金属管工事において、絶縁ブッシングを使用する主な目的は。

（平成26年、平成29年、令和3年）

- **イ.** 金属管を造営材に固定するため
- **ロ.** 金属管相互を接続するため
- **ハ.** 電線の被覆を損傷させないため
- **ニ.** 電線の接続を容易にするため

問題3-6
ジョイントボックス（アウトレットボックス）内での電線相互の接続に、使用されないものは。

（平成16年）

- **イ.** 差込形コネクタ
- **ロ.** ねじ込み形コネクタ
- **ハ.** リングスリーブ（E形）
- **ニ.** カールプラグ

問題3-7
図に示す雨線外に施設する金属管工事の末端ⒶまたはⒷ部分に使用するものとして、不適切なものは。

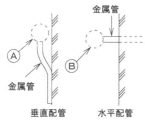

金属管

Ⓐ

金属管

Ⓑ

垂直配管　　水平配管

（平成26年、令和元年、令和5年）

- **イ.** Ⓐ部分にエントランスキャップを使用した
- **ロ.** Ⓐ部分にターミナルキャップを使用した
- **ハ.** Ⓑ部分にエントランスキャップを使用した
- **ニ.** Ⓑ部分にターミナルキャップを使用した

問題3-8
低圧屋内配線工事で、600Vビニル絶縁電線（軟銅線）をリングスリーブ用圧着工具とリングスリーブE形を用いて終端接続を行った。接続する電線に適合するリングスリーブの種類と圧着マーク（刻印）の組合せで、適切なものは。

（平成26年、平成27年）

- **イ.** 直径2.0［mm］2本の接続に、小スリーブを使用して圧着マークを○にした
- **ロ.** 直径1.6［mm］1本と直径2.0［mm］1本の接続に、小スリーブを使用して圧着マークを小にした
- **ハ.** 直径1.6［mm］4本の接続に、中スリーブを使用して圧着マークを中にした
- **ニ.** 直径1.6［mm］2本と直径2.0［mm］1本の接続に、中スリーブを使用して圧着マークを中にした

解答

問題3-5 ハ　　**問題3-6** ニ　　**問題3-7** ロ　　**問題3-8** ロ

問題3-9

写真に示す材料の名前は。

イ．ケーブルラック
ロ．金属ダクト
ハ．セルラダクト
ニ．フロアダクト

（平成19年、平成24年）

問題3-10

写真に示す器具の用途は。

イ．床下等湿気の多い場所の配線器具として用いる
ロ．店舗などで照明器具等を任意の位置で使用する場合に用いる
ハ．フロアダクトと分電盤の接続器具に用いる
ニ．容量の大きな幹線用配線材料として用いる

（平成25年）

問題3-11

写真に示す材料の用途は。

イ．ねじなし電線管相互を接続するのに用いる
ロ．薄鋼電線管相互を接続するのに用いる
ハ．厚鋼電線管相互を接続するのに用いる
ニ．ねじなし電線管と金属製アウトレットボックスを接続するのに用いる

（平成23年）

解答

問題3-9　イ　　　　問題3-10　ロ　　　　問題3-11　ニ

問題3-12

写真に示す材料の用途は。

（平成22年）

- **イ.** 金属管工事で直角に曲がる箇所に用いる
- **ロ.** 屋外の金属管の端に取り付けて雨水の侵入を防ぐのに用いる
- **ハ.** 金属管をボックスに接続するのに用いる
- **ニ.** 金属管を鉄骨等に固定するのに用いる

問題3-13

写真に示す材料の用途は。

（平成28年、令和元年）

- **イ.** フロアダクトが交差する箇所に用いる
- **ロ.** 多数の遮断器を集合して設置するために用いる
- **ハ.** 多数の金属管が集合する箇所に用いる
- **ニ.** 住宅でスイッチやコンセントを取り付けるのに用いる

問題3-14

写真に示す材料の名前は。

（平成24年、平成27年、令和2年）

- **イ.** ベンダ
- **ロ.** ユニバーサル
- **ハ.** ノーマルベンド
- **ニ.** カップリング

問題3-15

写真に示す材料の用途は。

（平成16年）

- **イ.** 金属管工事で金属管と接地線との接続に用いる
- **ロ.** 金属管のねじ切りに用いる
- **ハ.** 金属管を鉄骨等に固定するのに用いる
- **ニ.** 金属管を接続するのに用いる

解答

問題3-12 イ　　　**問題3-13** ニ　　　**問題3-14** ハ　　　**問題3-15** ハ

問題3-16

写真に示す材料の用途は。

（平成26年、令和3年、令和5年）

イ. 硬質塩化ビニル電線管相互を接続するのに用いる

ロ. 鋼製電線管と合成樹脂製可とう電線管とを接続するのに用いる

ハ. 合成樹脂製可とう電線管相互を接続するのに用いる

ニ. 合成樹脂製可とう電線管と硬質塩化ビニル電線管とを接続するのに用いる

問題3-17

写真に示す材料の用途は。

（平成26年、平成29年、令和4年）

イ. PF管を支持するのに用いる

ロ. 照明器具を固定するのに用いる

ハ. ケーブルを束縛するのに用いる

ニ. 金属線ぴを支持するのに用いる

問題3-18

（PF28）で示す図記号のものは。

（平成25年）

イ.	ロ.	ハ.	ニ.

解答

問題3-16 ハ　　問題3-17 イ　　問題3-18 イ

問題3-19

□ IV1.6(E19) で示す部分の工事において、使用されることのないものは。

（平成23年）

イ.

ロ.

ハ.

ニ.

問題3-20

3階部分に使用するプレートの形状とその組合せで、適切なものは。

（平成25年）

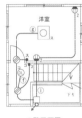

3階平面図

イ. 2枚
ロ. 3枚
ハ. 3枚
ニ. 2枚

 2枚
 2枚
1枚
 3枚

工事用工具に関する問題

問題3-21

金属管（鋼製電線管）の切断および曲げ作業に使用する工具の組合せとして、適切なものは。

（平成27年、平成28年、令和3年）

イ.　やすり　　金切りのこ　　パイプベンダ
ロ.　リーマ　　パイプレンチ　トーチランプ
ハ.　リーマ　　金切りのこ　　トーチランプ
ニ.　やすり　　パイプレンチ　パイプベンダ

問題3-22

電気工事の種類と、その工事で使用する工具の組合せとして、適切なものは。

（平成25年、平成29年、令和4年）

イ.　金属工事とリーマ
ロ.　合成樹脂管とパイプベンダ
ハ.　金属線ぴ工事とボルトクリッパ
ニ.　バスダクト工事と圧着ペンチ

解答

問題 3-23

電気工事の作業と、その作業で使用する工具の組合せとして、誤っているものは。

(平成23年、令和4年、令和5年)

イ. 金属製キャビネットに穴を開ける作業とノックアウトパンチャ

ロ. 薄鋼電線管を切断する作業とプリカナイフ

ハ. 木造天井板に電線管を通す穴を開ける作業と羽根きり

ニ. 電線、メッセンジャワイヤ等のたるみをとる作業と張線器

問題 3-24

金属管の曲げ加工に使用する工具は。

(平成20年)

イ. パイプベンダ

ロ. パイプレンチ

ハ. ディスクグラインダ

ニ. パイプカッタ

問題 3-25

コンクリート壁に金属管を取り付けるときに用いる材料および工具の組合せとして、適切なものは。

(平成29年、令和3年、令和5年)

イ. ホルソ　　　カールプラグ
　　ハンマ　　　ステープル

ロ. ハンマ　　　たがね
　　ステープル　コンクリート釘

ハ. 振動ドリル　カールプラグ
　　サドル　　　木ねじ

ニ. 振動ドリル　ホルソ
　　サドル　　　ボルト

問題 3-26

ノックアウトパンチャの用途で、適切なものは。

(平成16年、令和元年)

イ. 太い電線管を曲げる場合に使用する

ロ. 金属製キャビネットに穴を開ける場合に使用する

ハ. コンクリート壁に穴を開ける場合に使用する

ニ. 太い電線を圧着接続する場合に使用する

問題 3-27

ノックアウト用パンチと同じ用途で使用する工具は。

(平成14年)

イ. パイプベンダ

ロ. クリッパ

ハ. ホルソ

ニ. リーマ

問題 3-28

電気工事の種類と、その工事に使用する工具との組合せで、適切なものは。

(平成21年)

イ. 合成樹脂管工事とパイプベンダ

ロ. 合成樹脂線ぴ工事とリードねじ切り器

ハ. 金属管工事と金切りのこ

ニ. 金属線ぴ工事とボルトクリッパ

解答

問題3-23 ロ　問題3-24 イ　問題3-25 ハ　問題3-26 ロ　問題3-27 ハ　問題3-28 ハ

問題3-29

写真に示す工具の用途は。

（平成20年、平成26年、令和6年）

イ．ホルソと組み合わせて、コンクリートに穴を開けるのに用いる

ロ．リーマと組み合わせて、金属管の面取りに用いる

ハ．羽根ぎりと組み合わせて、鉄板に穴を開けるのに用いる

ニ．面取り器と組み合わせて、ダクトのバリを取るのに用いる

問題3-30

写真に示す工具の用途は。

（平成22年、平成29年、令和5年）

イ．金属管の切断に使用する

ロ．ライティングダクトの切断に使用する

ハ．硬質塩化ビニル電線管の切断に使用する

ニ．金属線ぴの切断に使用する

問題3-31

写真に示す工具の用途は。

（平成29年、令和2年、令和5年）

イ．金属管切り口の面取りに使用する

ロ．木柱の穴あけに使用する

ハ．鉄板、各種合金板の穴あけに使用する

ニ．コンクリート壁の穴あけに使用する

問題3-32

写真に示す工具の用途は。

（平成28年、令和元年、令和5年）

イ．VVRケーブルの外装や絶縁被覆をはぎ取るのに用いる

ロ．CVケーブル（低圧用）の外装や絶縁被覆をはぎ取るのに用いる

ハ．VVFケーブルの外装や絶縁被覆をはぎ取るのに用いる

ニ．VFFコード（ビニル平形コード）の絶縁被覆をはぎ取るのに用いる

解答

　問題3-29　ロ　　　　問題3-30　ハ　　　　問題3-31　ハ　　　　問題3-32　ハ

問題3-33

写真に示す工具の用途は。

(平成24年)

イ． 各種金属板の穴あけに使用する
ロ． 金属管にねじを切るのに用いる
ハ． 硬質塩化ビニル電線管の管端部の面取りに使用する
ニ． 木材の穴あけに用いる

問題3-34

写真に示す工具の名称は。

(平成24年、令和3年)

イ． 手動油圧式圧縮器
ロ． 手動油圧式圧カッタ
ハ． ノックアウトパンチャ（油圧式）
ニ． 手動油圧式圧着器

問題3-35

写真に示す工具の用途は。

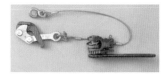

(平成24年、令和3年)

イ． 太い電線を曲げてくせをつけるのに用いる
ロ． 施工時の電線管の回転等すべり止めに用いる
ハ． 電線の支線として用いる
ニ． 架空線のたるみを調整するのに用いる

問題3-36

写真に示す工具の用途は。

(平成25年、平成28年)

イ． 金属管の切断や、ねじを切る際の固定に用いる
ロ． コンクリート壁に電線管用の穴をあけるのに用いる
ハ． 電線管に電線を通線するのに用いる
ニ． 硬質塩化ビニル電線管の曲げ加工に用いる

解答

問題3-33　ハ　　　　問題3-34　ニ　　　　問題3-35　ニ　　　　問題3-36　ニ

問題3-37

写真に示す工具の用途は。

（平成21年、平成26年）

イ. アウトレットボックス（金属製）と、そのノックアウトの径より小さい金属管とを接続するために用いる

ロ. 電線やメッセンジャワイヤのたるみをとるのに用いる

ハ. 電線管に電線を通線するのに用いる

ニ. 金属管やボックスコネクタの端に取り付けて、電線の絶縁被覆を保護するために用いる

問題3-38

（E31）で示す部分の工事において、使用されることのないものは。

（平成22年、平成28年）

イ.	ロ.	ハ.	ニ.

問題3-39

CV14mm²-3C（PF28）で示す部分の工事に使用する工具は。

（平成23年）

イ.	ロ.	ハ.	ニ.
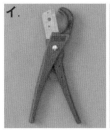			

解答

　問題3-37 ハ　　**問題3-38** イ　　**問題3-39** イ

問題3-40

⊘ で示すVVFジョイントボックス部分の工事を、リングスリーブE形による圧着接続で行う場合に用いる工具として、適切なものは。

（平成23年）

イ.

ロ.

ハ.

ニ.

問題3-41

RC で示す部分に接地工事を施すとき、使用されることのないものは。

（平成24年、令和5年）

イ.

ロ.

ハ.

ニ.

解答
問題3-40　ハ　　　　問題3-41　ロ

問題 3-42

<u>VVF16.-2C（VE22）</u> で示す部分の配線工事で一般に使用されない工具は。

（平成21年）

イ.

ロ.
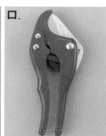

ハ.

ニ.

問題 3-43

<u>IV1.6（E19）</u> で示す部分の工事において、使用されることのない工具は。

（平成23年）

イ.

ロ.

ハ.

ニ.

解答

問題 3-42 イ　　　　**問題 3-43** ハ

解 答・解 説

解答 3-1
ロ

配線用遮断器を集合して設置するのは、**分電盤**です。

解答 3-2
イ

プルボックスは太い金属管や多数の金属管の配管をする際に、**アウトレットボックス**では対応できない場合に使用します。プルボックスの大きさは自由に設定できます。

解答 3-3
ニ

リングレジューサは2枚1組で使用します。**アウトレットボックス**の打抜き穴を両側から挟んで径を調整します。また、イはユニオンカップリング、ロはユニバーサル、ハは絶縁ブッシングです。

解答 3-4
ニ

エントランスキャップと同じ用途のものに**ウェザーキャップ**があります。

解答 3-5
ハ

イの金属管を造営材に固定する際は**パイラック**や**サドル**を使用します。ロの金属管相互を接続する際は**カップリング**を使用します。

解答 3-6
ニ

カールプラグは、コンクリート壁に打ち込み、ねじ止め穴を設けるときに用いるものです。

解答 3-7
ロ

ターミナルキャップは、電線の引き出し部分の角度が**直角**なので、垂直に配管すると雨水が浸入します。また、金属管の管端に取り付けて電動機などの機器に接続するので、エントランスキャップのように雨水を防ぐことはできません。

解答 3-8
ロ

イの直径2.0［mm］2本、ハの直径1.6［mm］4本、ニの直径1.6［mm］2本と直径2.0［mm］1本はすべて小スリーブで刻印「**小**」です。

解答 3-9
イ

写真の材料は、**ケーブルラック**です。

解答 3-10
ロ

写真は**ライティングダクト**です。

解答 3-11
ニ

写真の材料は、**ねじなしボックスコネクタ**です。

解答 3-12
イ

写真の材料は、**ユニバーサル**です。

解答 3-13
ニ

写真の材料は、**合成樹脂製スイッチボックス**です。

解答 3-14
ハ

写真の材料は、**ノーマルベンド**です。

解答 3-15
ハ

写真の材料は、**パイラック**です。

解答 3-16
ハ

写真の材料は、**合成樹脂製可とう電線管用カップリング**です。

解答 3-17
イ

写真の材料は、**PF管用のサドル**です。

解答 3-18
イ

PFは**合成樹脂製可とう電線管**です。ロは2種金属製可とう電線管、ハは硬質塩化ビニル電線管です。

解答 3-19
イ

ねじなし電線管工事には**VVF用ジョイントボックス**は使用されません。ロはアウトレットボックス、ハは絶縁ブッシング、ニはねじなしボックスコネクタです。

解答 3-20
イ

洋室内では、コンセント2口が2箇所（2個用が2枚）、洋室内外で［ス］の片切スイッチと［コ］の3路スイッチが1つずつ（1個用が2枚）で計1個用2枚、2個用2枚になります。

解答 3-21
イ

手順としては、**金切りのこ**で金属管を切断し、次に**やすり**で切断面を仕上げます。そして**パイプベンダ**で管を曲げます。

解答 3-22
イ

金属管の内側の面取りは**リーマ**で行います。ロのパイプベンダは金属管を曲げる工具、ハのボルトクリッパは鉄線を切断する工具、ニの圧着ペンチは絶縁電線をリングスリーブで圧着する工具です。

解答 3-23
ロ

プリカナイフは、2種金属製可とう電線管を切断する工具です。

解答 3-24
イ

パイプレンチはカップリングを締付けるときに使用します。**ディスクグラインダ**は鉄板などのバリ取りや仕上げに使用します。**パイプカッタ**は金属管を切断するときに使用します。

解答 3-25
ハ

コンクリート壁に金属管を取り付けるには、振動ドリルで壁に穴を開け、カールプラグを壁に埋め込んでサドルを木ねじで固定する、という手順で行います。

解答 3-26
ロ

イの用途には油圧式パイプベンダ、ハは振動ドリル、ニは手動油圧式圧着器を使用します。

解答 3-27
ハ

イは金属管を曲げるときに、ロは太い電線やメッセンジャーワイヤを切断するときに、ニは金属管の内側の面取り時に使用します。

解答 3-28
ハ

イのパイプベンダは金属管を曲げるときに使用します。ロのリードねじ切り器は金属管のねじ切りに使用します。ニのボルトクリッパは太い電線やメッセンジャーワイヤを切断するときに使用します。

解答 3-29
ロ

写真の工具は、**クリックボール**です。イの**ホルソ**は金属板の穴あけに、ハの**羽根切り**は木材の穴あけに、ニの**面取器**は塩ビ管のバリ取りに使用されます。

解答 3-30
ハ

写真の工具は、**合成樹脂管用カッタ**です。

解答 3-31
ハ

写真の工具は、**ホルソ**です。電気ドリルに取り付けて使用します。

解答 3-32
ハ

写真の工具は、**ワイヤストリッパ**（左）と**ケーブルストリッパ**（右）です。ワイヤストリッパは絶縁被覆のはぎ取りに使用し、ケーブルストリッパはVVFケーブルの外装のはぎ取りに使用します。

解答3-33

ハ

写真の工具は、**面取器**です。

解答3-34

ニ

手動油圧式圧着器は、P形スリーブやR形圧着端子を用いた太い電線を接続するときに使用します。

解答3-35

ニ

写真の工具は、**張線器**です。

解答3-36

ニ

写真の工具は、**ガストーチランプ**です。

解答3-37

ハ

写真の工具は、**呼線挿入器**です。イの用途の工具はリングレジューサ、ロは張線器（シメラー）、ニは絶縁ブッシングです。

解答3-38

イ

（E31）は、ねじなし電線管工事なので、**リードねじ切り器**は不要です。ロはクリックボール、ハは高速切断機、ニはパイプバイスです。

解答3-39

イ

（PF28）は、合成樹脂製可とう電線管工事なので、イの樹脂フレキシブル管カッタを使用します。ロはパイプバイス、ハはパイプベンダで、それぞれ金属管工事用です。ニはガストーチランプで、硬質塩化ビニル管工事用です。

解答3-40

ハ

リングスリーブの圧着には、**黄色の柄**のリングスリーブ用圧着工具を使用します。イはケーブルカッタ、ロは手動式油圧圧着工具、ニは圧着端子用圧着工具です。

解答3-41

ロ

リーマは金属管工事で使用します。その他は**接地工事**で使用するものです。イは金づち、ハは接地棒、ニは圧着端子です。

解答3-42

イ

イはパイプレンチで、薄鋼電線管工事に使用するものです。他は硬質塩化ビニル電線管工事に使用します。ロは合成樹脂管用カッタ、ハは面取り器、ニはガストーチランプです。

解答3-43

ハ

（E19）は、ねじなし電線管工事です。ハの合成樹脂管用カッタは使用しません。イは平やすり、ロは金切りのこ、ニは呼線挿入器です。

必要最低限の法律の話

配線図と電気設備技術基準の解釈（電技解釈）

第4章 01 電気設備技術基準の 解釈（電技解釈）とは

前章までは配線図の図記号や、工事で使用するさまざまな材料について学んできました。ここからは、**電気設備技術基準の解釈（電技解釈）**について解説していきます。

「**電気設備技術基準**」とは、電気工事に関する技術基準を定めた法律です。正式には「電気設備に関する技術基準を定める省令」といいます。

そして、「**電気設備技術基準の解釈**」とは、電気設備技術基準の技術的な内容をできる限り具体的に示したものです。「電技解釈」と略称で表記されることも多いです。

配線図はこれらの法律に基づいて作成する必要があり、同様に、対象となるすべての電気設備は法律に定められた技術基準に適合するように施工する必要があります。そのため、電気工事士にとって、電気設備技術基準に関する知識は必須です。

ここでは、配線図に関連した項目を、場所ごとに順に見ていきましょう。

 法律は細かくて、難しいので苦手です。

 屋内配線図にも電技解釈と関係する事項がありますが、数字を押さえておけば大丈夫です。よく出題される項目なので、ここで規定を覚えてしまいましょう。

 ## 電信柱から引込口まで
①引込線と引込口配線 ＜電技解釈 第110条・116条＞

この条文は、**電線の取付点（受電点）から引込口までに関する規定**です。取付点の高さや施工できる工事、また開閉器（配線用遮断器）などの規定が定められています。**受電点 ↲** と一緒に覚えてください。なお、電柱から建物に引き込む電線のことを引込線といい、また、取付点（受電点）から建物の引込口までの屋外配線のことを**屋側電線路**といいます。

ⅰ）引込線の取付点の高さは**4m以上**が原則です。技術的にやむを得ない場合において、交通に支障がないときは**2.5m以上**にできます。

ⅱ）屋側電線路の引込配線工事は次の4種類に限られています。（工事内容については第6章参照）

- がいし引き工事（展開した場所に限る）
- 金属管工事（木造以外に限る※）
- 合成樹脂管工事
- ケーブル工事（外装が金属製のケーブルの場合は木造以外に限る）

※金属管は、漏電すると木造に火災が発生する恐れがあるので使用できません。

電線の取付点（受電点）から引込口に関する規定

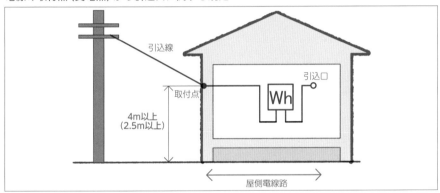

 重要！　試験では、引込口の高さを「2.5m以上」とする問題が多く出題されています。

 重要！　引込配線工事に関しては、「木造建物には金属管工事を施工できない」という点が出題されることが多いです。

メモ　がいし引き工事についてはp.178、金属管工事についてはp.168、合成樹脂管工事についてはp.173、ケーブル工事についてはp.176で、それぞれ詳しく解説します。先に各工事の内容を把握しておきたい人は各ページを参照してください。

母屋と倉庫の関係
②引込口の開閉器の省略 ＜電技解釈 第147条＞

　屋内配線をする場合、引込口には引込口開閉器（ひきこみぐちかいへいき）を取り付ける必要があります。住宅の配線図には、分電盤に設置された**過負荷保護付漏電遮断器**が引込口開閉器として設置されています。引込口開閉器は倉庫や車庫などの離れた家屋にも設置が必要になりますが、次のすべてを満たす場合は**設置を省略できます**。

- 使用電圧が300V以下であること
- 母屋の分岐回路に15A以下の過電流遮断器（または20A以下の配線用遮断器）が接続されていること
- 屋内電路に接続する長さが15m以下であること

　そのため、次の図のように**15m以下**の場合は、**倉庫の引込口開閉器を省略できます**。

倉庫の引込口開閉器を省略できるケース

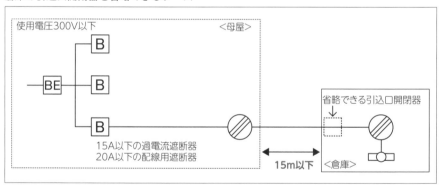

15mまでは引込口開閉器は必要ないのですね。

はい。必要ありません。こういった数値が試験では問われますので、確実に覚えておいてください。

母屋と屋外灯の関係
③屋外配線の施設 ＜電技解釈 第166条＞

　屋外配線をする場合、屋内配線の分岐回路から延長して施設することはできませんが、次のすべてを満たす場合は延長できます。

- 屋外配線の長さが8m以下であること
- 母屋分岐回路に15A以下の過電流遮断器（または20A以下の配線用遮断器）が接続されているとき

　そのため、次の図のように **8m以下** のときは、屋内配線のコンセントから屋外灯の電源を取ることができます。

屋内配線のコンセントから屋外灯の電源を取ることができるケース

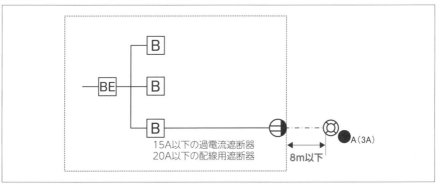

 重要! 倉庫や車庫の引込口開閉器の省略は **15m** まで、屋外灯の屋内配線の延長は **8m** までです。15mと8mを押さえておいてください。

母屋の配線 − 分電盤
④配線用遮断器の素子数について ＜電技解釈 第149条＞

　試験に出題される配線図には、建物内の平面図と同時に、電灯やコンセントなどの電路を示した **分電盤結線図** も含まれています。電気の配線は受電点から電力量計を経て、分電盤に接続されます。分電盤では、最初に漏電遮断器に入り、次に配線用遮断器を経て、電路（分岐回路）ごとに各部屋の電灯配線やコンセントに配線されます（次図参照）。

117

配線用遮断器の素子数

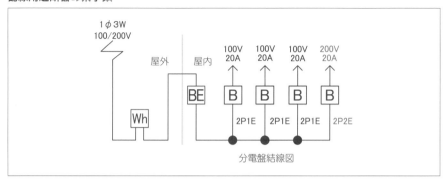

単相3線式100/200Vの分岐回路に**配線用遮断器**を取り付ける場合、100V回路には**2極1素子**、200V回路には**2極2素子**の配線用遮断器を取り付けます。試験では配線用遮断器の極数や素子数が出題されます。**単相3線式100/200V回路**の配線用遮断器の極数と素子数は次のとおりです。

- 100V回路：2極1素子（2P1E）、または2極2素子（2P2E）
- 200V回路：2極2素子（2P2E）

重要!　上図の「1φ3W」は単相3線式を表します。φは相、W（WIRE）は線式を表しています。他に「1φ2W」は単相2線式、「3φ3W」は3相3線式です。

メモ…　配線用遮断器の極数や素子数については、p.303で詳しく解説します。

🔘 100V回路用配線用遮断器の端子

100V回路用配線用遮断器の端子には、**L**（Line）と**N**（Neutral）の表示があります。**N**の表示には**白線（接地線）**をつなぎます。

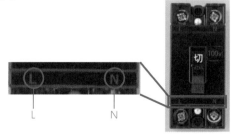

母屋の配線 – 電線
⑤配線の太さ ＜電技解釈 第146条・181条・170条＞

　配線図では電線を、**天井隠ぺい配線**や**露出配線**などの図記号で表しますが（**p.14**）、実際に低圧屋内配線に使用できる電線の太さは次のように規定されています。

- 低圧屋内配線：1.6mm 以上の軟銅線
- 小勢力回路　：ケーブル以外のときは0.8mm 以上の軟銅線（絶縁電線）
- 電球線　　　：0.75mm² 以上のビニルコード以外のコード（袋打ゴムコード・丸打ゴムコード・ゴムキャブタイヤコード・ゴムキャブタイヤケーブル）

4

⑥小勢力回路 ＜電技解釈 第181条＞

　小勢力回路とは、インターフォンや玄関のチャイムなどに接続する**使用電圧60V以下の回路**です。絶縁変圧器（小型変圧器）を使用して60V以下に下げますが、変圧器の1次側は屋内配線でつなぐので**100V回路**になります。2次側が**60V以下の回路**になります。

　小勢力回路の配線工事に関する規定は次のとおりです。

①最大使用電圧は60V以下
②ケーブル以外のときは、電線は0.8mm 以上の軟銅線を使用する
③対地電圧300V以下の電路と絶縁変圧器でつなぐ

　小勢力回路は、小型変圧器から押しボタンまでの回路を指します（下図の**2次側**の箇所）。

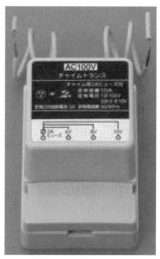

絶縁変圧器（小型変圧器）

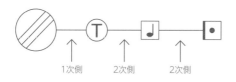

1次側　　　2次側　　　2次側

👜小勢力回路の 1 次側と 2 次側

場所	説明
1次側	屋内配線とつなぐので、1.6mm以上の軟銅線。電気工事士の仕事
2次側	小勢力回路なので0.8mm以上の軟銅線。誰でもできる工事

母屋の配線 – 過電流遮断器と電線、コンセントの関係
⑦分岐回路の電線の太さとコンセントの関係 ＜電技解釈 第149条＞

　分電盤から各電路に配線する際は、**過電流遮断器**（配線用遮断器やヒューズ）を分岐回路ごとに施設する必要があります。また、分岐回路に施設する過電流遮断器の許容電流に対して、電線の太さや取り付けられるコンセントの定格電流が規定されています（**p.314**）。

　配線図問題では、家庭内のコンセント（**15A**）をカバーする過電流遮断器の許容電流を問う問題が出題されていますので、次表の赤字部分を押さえておいてください（詳しくは第10章で解説します）。

👜電線の太さと、取り付けられるコンセントの定格電流

分岐回路の種類	電線の太さ	コンセントの定格電流
15A	1.6mm以上	15A
20A	1.6mm以上	20A以下（15A、または20A）

重要！

15Aのコンセントに施設できる配線用遮断器の定格電流の最大値は**20A**です。

母屋のまわり – 地中配線
⑧地中配線の埋設 ＜電技解釈 第120条＞

　母屋から車庫や倉庫、あるいは屋外灯などに配線する際に**地中配線**をする場合は、次の規定のとおりに施設する必要があります。なお、地中埋設工事には、**管路式・暗渠式・直接埋設方式**の3通りがありますが、試験に出題されるのは**直接埋設方式**です。

地中配線の埋設工事に関する規定

項目	規定内容
①使用する電線	ケーブルを使用する（**絶縁電線は使用できない**）
②トラフに納める方法	・重量物の圧力を受ける恐れがある場合（駐車場など） 　　→**1.2m以上**の深さまで埋める（トラフなど使用） ・重量物の圧力を受ける恐れがない場合（歩行路など） 　　→堅牢な板などで覆って**0.6m以上**の深さまで埋める

地中配線の埋設（直接埋設）

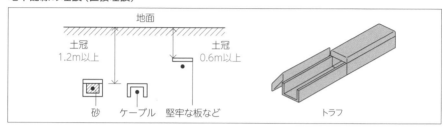

母屋 – 各電路の絶縁抵抗
⑨絶縁抵抗値 ＜電気設備に関する技術基準 第58条＞

　屋内配線や電気機器の絶縁がきちんとできていないと、漏電や感電の原因になってしまいます。そこで、分岐回路ごとに、**電路と大地間**、および**電路の電線相互間**の絶縁抵抗値を次表のように規定しています。

絶縁抵抗値

電路の使用電圧区分		絶縁抵抗値
300V以下	対地電圧150V以下	0.1MΩ以上
	その他	0.2MΩ以上
300Vを超える		0.4MΩ以上

重要! 低圧屋内配線図は、単相100/200V、あるいは3相200Vです。電圧使用区分の300V以下はしっかりと覚えておいてください。

対地電圧とは、**電線と大地間の電位差**（電圧の差）です。一般住宅では対地電圧を
150V以下にする必要があります。それぞれの対地電圧は次のとおりです。

👑 対地電圧

種類	対地電圧
単相2線式100V	100V
単相3線式100/200V	100V
3相3線式200V	200V

 ## 母屋 − 電気機器の接地
⑩ D種接地工事 ＜電技解釈 第17条＞

　電気機器の漏電による感電や火災を防止するために、電気機械器具には**接地工事**
を施します。使用電圧**300V以下**の住宅では、**D種接地工事**が求められます。D種
接地工事では、接地線の太さは**1.6mm以上**の軟銅線、接地抵抗値は**100Ω以下**、
または**0.5秒以内**に動作する漏電遮断器を施設した場合は**500Ω以下**と規定されて
います。

 重要! 0.5秒以内に動作する漏電遮断器を施設した場合のことを押さえておいてくだ
さい。なお、接地工事についてはp.165で詳しく解説します。

精選過去問題 & 完全解答

（解答・解説は p.129）

電気設備技術基準の解釈（電技解釈）の問題

問題 4-1

下図矢印で示す引込線取付点の高さの最低値［m］は。ただし、引込線は道路を横断せず、技術上やむを得ない場合で、交通に支障がないものとする。

イ. 2.5
ロ. 3.0
ハ. 3.5
ニ. 4.0

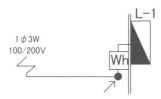

（平成29年、令和2年、令和3年、令和4年）

問題 4-2

木造1階建住宅の配線図の一部分である。下図矢印で示す部分の工事の方法で施工ができない工事の方法は。

イ. 金属管工事
ロ. 合成樹脂管工事
ハ. がいし引き工事
ニ. ケーブル工事

（平成17年、平成26年、令和5年）

解答
問題 4-1 イ　　**問題 4-2** イ

問題4-3

下図の矢印で示す小勢力回路で使
用できる軟銅線（ケーブルを除く）
の最小太さの直径［mm］は。

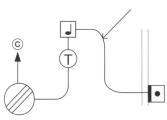

イ. 0.5
ロ. 0.8
ハ. 1.2
ニ. 1.6

（平成23年、令和2年、令和5年）

問題4-4

下図矢印で示す電路で引込口に開
閉器が省略できないのは、電路の
長さが何メートルを超える場合
か。

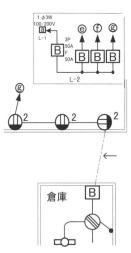

イ. 8
ロ. 10
ハ. 15
ニ. 20

（平成24年、平成28年）

解 答

124　**問題4-3**　ロ　　　　**問題4-4**　ハ

問題4-5

下図ⓐの部分の過負荷保護装置の
定格電流の最大値［A］は。

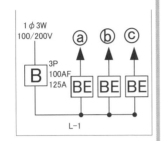

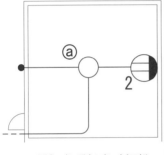

（平成23年、平成24年、令和3年）

イ．15
ロ．20
ハ．30
ニ．40

問題4-6

下図の矢印で示す器具にコード吊
りで白熱電球を取り付けたい。使
用できるコードと最小面積の組合
せとして、正しいものは。

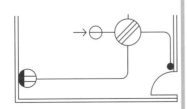

（平成23年、平成25年、令和3年）

イ．袋打ゴムコード：0.75［mm²］
ロ．ゴムキャブタイヤコード：0.5［mm²］
ハ．ビニルコード：0.75［mm²］
ニ．ビニルコード：1.25［mm²］

解答
問題4-5 ロ　　問題4-6 イ

問題4・7

下図の矢印で示す部分の電路と大地間の絶縁抵抗として、許容される最小値〔MΩ〕は。

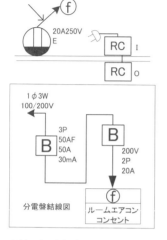

（平成29年、令和元年、令和2年、令和4年）

イ．0.1
ロ．0.2
ハ．0.3
ニ．0.4

問題4-8

下図矢印で示す接地工事の種類は。

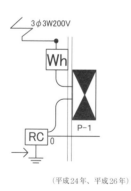

（平成24年、平成26年）

イ．A種接地工事
ロ．B種接地工事
ハ．C種接地工事
ニ．D種接地工事

解答

問題4-7　イ　　　問題4-8　ニ

問題 4-9

下図の矢印で示す部分の接地工事
の接地抵抗の最大値と、電線（軟
銅線）の最小太さの組合せで、適切
なものは。ただし、漏電遮断器は
定格電流30（mA）、動作時間0.1秒
以内のものを使用している。

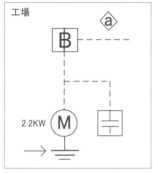

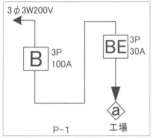

イ. 100 [Ω]　　1.6 [mm]
ロ. 300 [Ω]　　1.6 [mm]
ハ. 500 [Ω]　　1.6 [mm]
ニ. 600 [Ω]　　2.0 [mm]

（平成24年、平成28年）

問題 4-10

下図の矢印で示す部分で施設する
配線用遮断器は。

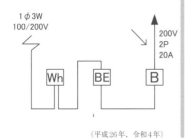

イ. 2極1素子
ロ. 2極2素子
ハ. 3極2素子
ニ. 3極3素子

（平成26年、令和4年）

解答
問題4-9　ハ　　　問題4-10　ロ

問題4-11

⎯ B 200V ➡ で示す B 部分に取り付ける器具は。

（平成23年）

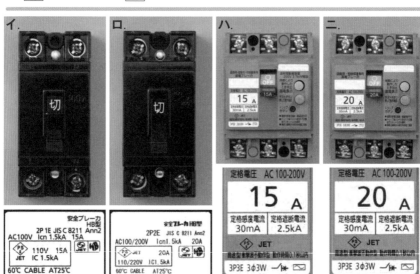

問題4-12

下図の矢印で示す部分の地中電線路を直接埋設式により施設する場合の埋設深さの最小値［m］は。ただし、車両その他の重量物の圧力を受ける恐れのある場所とする。

イ. 0.3
ロ. 0.6
ハ. 1.2
ニ. 1.5

（平成26年、平成29年）

解答

問題4-11 ロ　　　　**問題4-12** ハ

問題4-13

右図矢印で示す図記号の器具は。

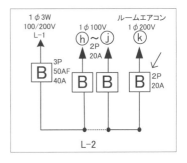

（令和3年、令和4年、令和5年）

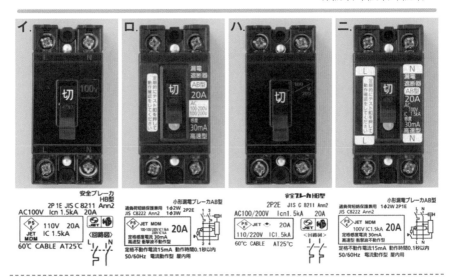

イ.　ロ.　ハ.　ニ.

- - -

解　答　・　解　説

解答4-1

イ

引込線の取付点の高さは、原則 **4m 以上** ですが、やむを得ない場合は **2.5m 以上** にできます。

- - -

解答4-2

イ

屋側電線路の引込配線工事は、**木造住宅では金属管工事は施設できません**。

- - -

解答

問題4-13 ハ

解答 4-3

ロ

矢印が示す小型変圧器の2次側、チャイム〜押しボタン間のケーブル以外の軟銅線の最小太さは **0.8mm** です。

解答 4-4

ハ

引込口開閉器を省略できるのは、**15m以下**のときです。

解答 4-5

ロ

15Aコンセントがあるので、過負荷保護装置の定格電流の最大値は **20A** です。

解答 4-6

イ

電球線として使用できるものは、**ビニルコード以外**の **0.75mm² 以上**のもので、**袋打ゴムコード**の 0.75mm² になります。

解答 4-7

イ

使用電圧は200Vですが、1φ3W 100/200Vで対地電圧が100Vなので、絶縁抵抗値は **0.1MΩ以上**です。

解答 4-8

ニ

矢印で示すエアコン室外機の電源は3φ3W 200Vであり、300V以下なので、**D種接地工事**を施します。

解答 4-9

ハ

接地工事はD種接地工事で、電源側に0.1秒以内で動作する漏電遮断器が施設されているので、接地抵抗地は **500Ω以下**です。また、接地線は **1.6mm** 以上になります。

解答 4-10

ロ

単相3線式200Vの回路なので **2極2素子（2P2E）** です。

解答 4-11

ロ

配線用遮断器です。イ、ロが配線用遮断器、ハ、ニが漏電遮断器なので、選ぶのはイ、ロのいずれかです。200V回路用はロになります。漏電遮断器には**黄色のテストボタン**があります。

解答 4-12

ハ

車両その他の重量物の圧力を受ける恐れのある場所の埋設の深さは **1.2m以上**です。

解答 4-13

ハ

図記号は**配線用遮断器**です。単相100/200Vの200V回路なので、**2極2素子（2P2E）** の配線用遮断器を施設します。イは2極1素子の配線用遮断器、ロは2極2素子の漏電遮断器、ニは2極1素子の漏電遮断器です。

複線図の描き方を習得しよう！

電灯配線と複線図

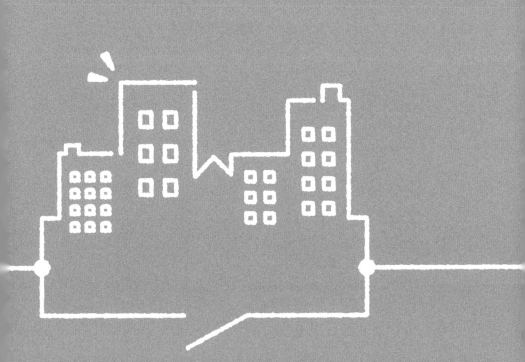

第5章
01 複線図の基本

　学科試験では、ジョイントボックス内の電線の接続状況や、そのときに使用するリングスリーブや差込形コネクタの大きさ、種類、数を問う問題、および配線に必要な電線の本数（**線条数**といいます）を問う問題が出題されるのですが、これらの問題に答えるためには、配線図（単線図）から**複線図**を描き起こせるようになる必要があります。

　ここからは、電灯配線と複線図の読み方、描き方について解説していきます。複線図に関する問題は、学科試験では2〜3問しか出題されませんが、複線図を描き起こせるようになれば、技能試験もスムーズにこなせるようになりますので、ここでしっかりと習得しておくことをお勧めします。

 ## 複線図とは

　前章までに見てきたとおり、通常の配線図は**単線（1本の線）**で描かれています。この配線図を、実際の配線のように「**器具の極性や電線の色なども考慮した複数の線**」で表すと、施工がスムーズになります。このような、複数の線を用いて器具と電線の結び方を示したものを「複線図」といいます。

配線図と複線図の違い（コンセントの配線の場合）

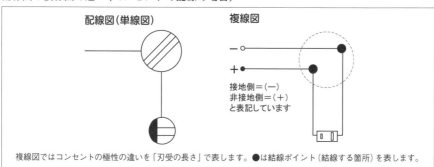

接地側＝（−）
非接地側＝（＋）
と表記しています

複線図ではコンセントの極性の違いを「刃受の長さ」で表します。●は結線ポイント（結線する箇所）を表します。

複線図の考え方

　複線図は、いろいろな方法で描き起こすことができますが、初心者のうちは、もっともわかりやすく、かつ習得が簡単な次の方法がお勧めです。

電気の流れにしたがって、電源から器具へ、またはスイッチ経由で器具へつなぎ、そして電源に戻る、という流れで描き起こす方法

　小学校で習った電池と豆電球を思い出してください。電池と豆電球だけの回路では、電池（＋）から出た線は豆電球へ行き、また電池（－）に戻ってきます。スイッチがある回路では、電池（＋）から出た線はスイッチにつながり、スイッチから豆電球へ、そして豆電球から電池（－）に戻ってきます。つまり、電池を中心に輪を描いていくイメージです。

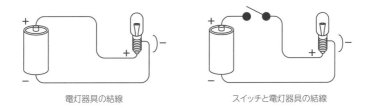

電灯器具の結線　　　　　　　　　　スイッチと電灯器具の結線

　複線図も同じです。頭の中で電気の流れ（直流）を意識しながら描いていけば、簡単に描き起こせるようになります。

 完成した複線図を見ると複雑そうに感じますが、1つずつ順を追っていけば簡単に描けそうですね。

 実はそうなのです。ぜひそのことを覚えておいてください！

 ## 複線図のパターン

　複線図の考え方は理解できたと思いますが、実際の配線図では器具やスイッチは1つだけではなく、複数配置されています。そのような場合に、一度にすべてを描こうとすると間違いが起こりやすくなります。配線がどのようになされているかを確

認しながら、**場所ごと（器具ごと）**に描いていくことが大切です。

　実際の配線図を見ながら確認していきましょう。配線図を見るときは最初に「**器具がいくつあるか**」を必ずチェックしてください。器具とは、**スイッチ（点滅器）**以外の部品です。次の例では、器具は「引掛シーリング」と「コンセント」の2つです。

配線図の例

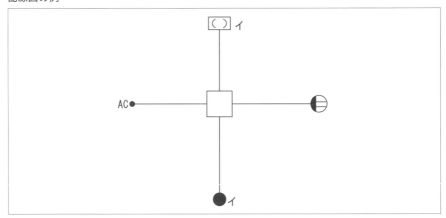

　そして、2つの器具を見比べると次のことが確認できます。

- 引掛シーリング ( ) イには記号「イ」が記されている
- コンセント ⊟ には何も記されていない

　次に、スイッチを見ると、そこには引掛シーリングと同じ記号イが記されていることがわかります（●イ）。この記号が何を意味するかというと、次のことを表しています。

- 引掛シーリングは、スイッチ経由で電源とつなぐ
- コンセントは、電源と直接つなぐ

記号イの意味

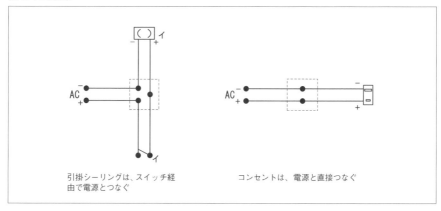

引掛シーリングは、スイッチ経由で電源とつなぐ

コンセントは、電源と直接つなぐ

この2つのパターン（器具に記号が付いているか、いないか）を覚えておけば、複線図を起こすことができます。つまり、記号が付いている場合は**電源からスイッチ経由で器具へ**、記号が付いていない場合は**電源から直接器具へ**、それぞれをつなぎ、最後に電源に戻す、という流れで描いていきます。

複線図は「電気の流れに沿って描く」が原則ですが、**器具に記号がある場合とない場合を別々に起こしていくことも大切です**（器具ごとに描き起こしていく）。

また、器具に記号が付いている場合はスイッチ経由になりますが、スイッチには片切スイッチ、3路スイッチ、4路スイッチなどがあるので、スイッチごとにつないでいくことも大切です。

複線図を描き起こしてみよう！

それでは実際に、前ページの配線図から複線図を描き起こしてみましょう。配線図の**器具**をチェックすると次の2つの器具があることがわかります。

- スイッチと同じ記号が付いている**引掛シーリング**（引掛シーリングはスイッチでオン・オフされる）
- 記号の付いていない**コンセント**

複線図は器具ごとに描いていきます。今回の場合は、複雑な回路（スイッチと引掛シーリングの回路）から描いていくと間違いが少なくなります。

ⅰ）引掛シーリングの回路。電源（＋）から、アウトレットボックス経由でスイッチの1次側まで線を引きます。

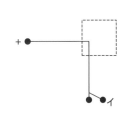

ⅱ）スイッチの2次側から、引掛シーリング（＋）まで線を引きます。

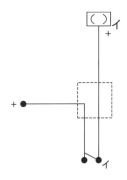

ⅲ）引掛シーリング（－）側から、アウトレットボックス経由で電源（－）まで線を引きます。

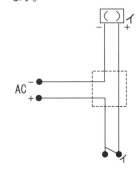

ⅳ）線を結線する場所に結線ポイントを描きます（アウトレットボックス内で例えば電源とスイッチからの交点）。

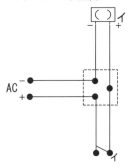

ⅴ）コンセントの回路。電源（＋）とコンセント（＋）をアウトレットボックス経由でつなぎます。

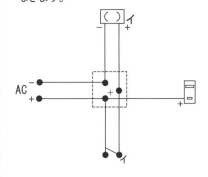

ⅵ）コンセント（－）と電源（－）をアウトレットボックス経由でつなぎます。

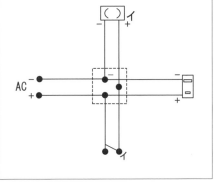

vii) アウトレットボックスの結線場所に電線の
本数を描き入れます（何本の線が交差して
いるかを描き入れます）。

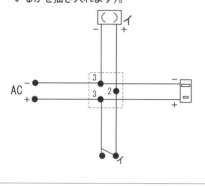

学科試験ではvi）までの複線図で完了で
すが、vii）まで進めておけば、リングス
リーブや差込形コネクタの数を問う問題
にも解答できるようになるので、必ず数
字を入れるようにしてください！

　上記で、電灯配線の複線図を描き起こす際の考え方と、基本的な描き起こし方は
理解できたと思いますが、もう一度、複線図の起こし方をまとめておきます。

　複線図を描き起こす際の基本的な手順は次のとおりです。

1. 複線図の器具をチェックし、器具に記号が付いているか、付いていないかを、器具ごと
   に確認する

2. 電気の流れに沿って、まず記号の付いている器具から描いていく。電源（＋）からスイッ
   チ経由で、同じ記号の器具（＋）へつなぎ、器具（－）から電源（－）に戻す

3. 次に記号のない器具を描く。電源（＋）から器具（＋）へつなぎ、器具（－）から電源（－）
   へ戻す

4. 結線ポイントを描き、結線する本数を描く

基本的な回路の複線図

　前節でも少し触れましたが、複線図を正しく描き起こすためには、スイッチの種類ごとにつなぎ方を理解しておく必要があります。試験では、**片切スイッチ**、**3路スイッチ**、**4路スイッチ**などが出題されるので、これらすべての複線図を描き起こせるように、ここからは記号のないコンセントの例も含めて、基本的な回路の単線図と複線図を見ていきたいと思います。

　なお、配線図の図記号の多くは、複線図でもそのまま使用可能ですが、ここでは極性や接続を理解しやすくするために次の記号を使用します。

スイッチやコンセント、パイロットランプの図記号

① コンセント

　記号が付いていない場合の回路の例です。電源（＋）とコンセント（＋）、およびコンセント（－）と電源（－）のように、**同じ極性同士**をつなぎます。

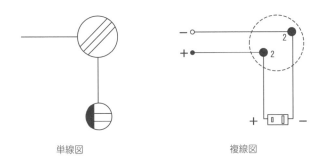

単線図　　　　　　　　　複線図

　なお、コンセントの図記号は、**接地側が長く**（向かって右側）、**非接地側が短く**（向

かって左側）なっています。実際のコンセントも同様に長さが異なります。確認してみてください。

 重要！ 単相2線式配線では、電源の2本の線に非接地側・接地側の区別があります。実際の工事では極性をしっかりと守る必要があるので、スイッチ以外の器具については極性を記入するようにしてください。

② 片切スイッチ（単極スイッチ）

片切スイッチは、1次側、2次側ともに（＋）です。「プラスを器具まで運ぶ」と考えるとわかりやすいと思います。

片切スイッチのつなぎ方

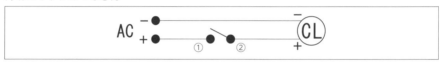

💡 スイッチ1個で1灯点滅

スイッチ1個で1灯点滅の場合は、最初に電源（＋）からスイッチ1次側（向かって左側）をつなぎ、次にスイッチ2次側（向かって右側）と器具（＋）をつなぎます。最後に器具（－）と電源（－）をつなぎます。

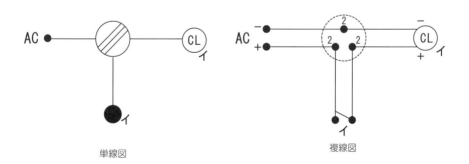

単線図　　　　　　　　　　　　　　複線図

💡 スイッチ1個で2灯点滅

同じ記号の器具が2つある場合は、**器具ごとに描いていく**とわかりやすいと思いま

す。最初に電源からスイッチ経由で1つ目の器具をつなぎ、そして電源に戻します。次に、電源からスイッチ経由で2つ目の器具をつなぎ、そして電源に戻します。一度にすべての線を描こうとせず、必ず器具ごとに描いていきましょう。

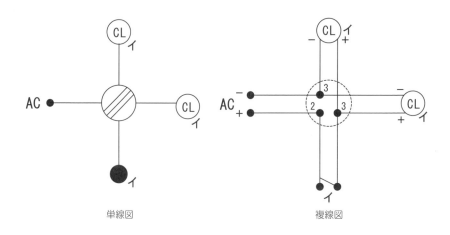

単線図　　　　　　　　　　　複線図

💡 スイッチ2個で2灯点滅

　スイッチ2個で2灯点滅の場合は、**スイッチごと、かつ器具ごと**に描いていきます。まず**イ**のスイッチと**イ**の器具をつなぎ、次に**ロ**のスイッチと**ロ**の器具をつなぎます。このとき電源からスイッチまでの線は共有されます。**ロ**のスイッチへは、**イ**のスイッチからの**ワタリ線**で電気を供給します。

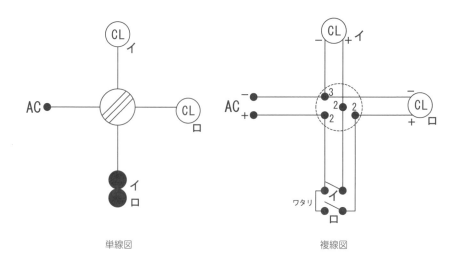

単線図　　　　　　　　　　　複線図

③3路スイッチ

3路スイッチとは、2箇所でスイッチをON/OFFする際に使用します。3路スイッチの裏面には**0**、**1**、**3**の記号が記されており、この記号を用いて線をつなぎます。

3路スイッチ（裏面）

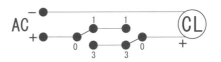

3路スイッチのつなぎ方

 スイッチ2個で1灯点滅

スイッチ2個で1灯点滅の場合は、1つ目の3路スイッチの0番と電源（＋）をつなぎ、2つ目の3路スイッチの0番と器具（＋）をつなぎます。

次に、1番と3番はそれぞれの1番同士、3番同士でつなぎます。そして最後に器具（−）と電源（−）をつなぎます。

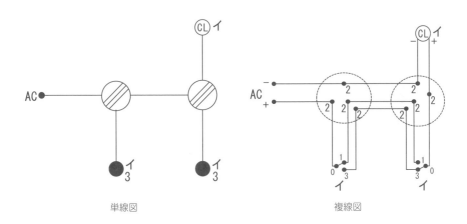

単線図

複線図

 スイッチ2個で2灯点滅

スイッチ2個で2灯点滅の場合は、片切スイッチ（**p.139**）と同様に、**スイッチごと、かつ器具ごと**に描いていきます。

まず1つ目の3路スイッチの0番と電源（＋）をつなぎ、3路スイッチの1番と1番、3番と3番同士をつなぎます。

141

　次に 2 つ目の 3 路スイッチの 0 番と左右の器具（＋）をつなぎ、最後にそれぞれの器具（−）と電源（−）をつなぎます。

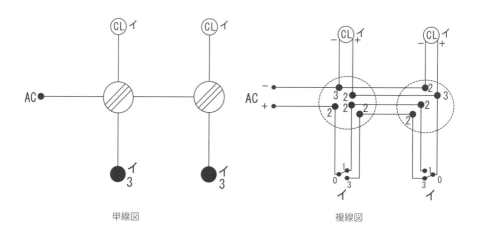

単線図　　　　　　　　　　　　　　　　複線図

④ 4 路スイッチ

　4 路スイッチは、3 箇所以上で電灯器具を ON/OFF する際に、**3 路スイッチの間に入れて使用します**。4 路スイッチの裏面には **1、2、3、4** の記号が記されています。

4路スイッチ（裏面）

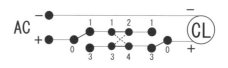

4路スイッチのつなぎ方

　4 路スイッチでは、1 番と 3 番を片方の 3 路スイッチの 1 番、3 番とつなぎ、2 番と 4 番を他方の 3 路スイッチの 1 番、3 番とつなぎます。

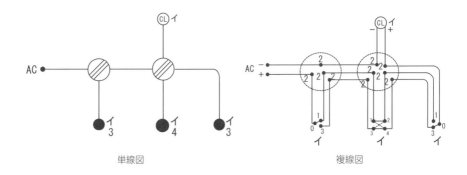

単線図　　　　　　　　　　　　　　　　複線図

これでスイッチごとの複線図の描き方の解説はおしまいです。完成した複線図を見ると複雑で難しそうですが、1つずつ手順を追っていけば、それほど複雑ではないことがわかると思います。わかりづらい箇所があったら、ぜひ何度も読み直して、確実に描き起こせるように練習しておいてください。

⑤ パイロットランプの接続

　パイロットランプは、**スイッチの場所を明るく照らしたり、トイレの入室表示をする器具**です。スイッチと組み合わせて使用します。

　パイロットランプとスイッチの接続方法には、**常時点灯、同時点滅、異時点滅**の3種類があります。

📍 常時点灯

　常時点灯では、パイロットランプは常に点灯しています。この接続方法は、スイッチの場所を明るく照らすために用いられます。

　常時点灯の複線図には次の特徴があります。

- ジョイントボックスからスイッチに向けた配線が**3本**ある
- 電源からの配線が直接パイロットランプにつながれている

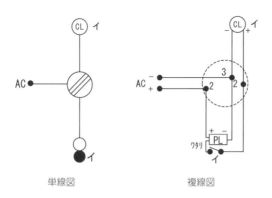

単線図　　　　　　　　複線図

🎈 同時点滅

　同時点滅は、スイッチとパイロットランプが連動してON/OFFする接続方法です（●L と同じです）。キッチンやトイレの換気扇などで利用されています。

　同時点滅の複線図には次の特徴があります。

- ジョイントボックスからスイッチに向けた配線が3本ある
- 電源からの配線が直接スイッチにつながれている

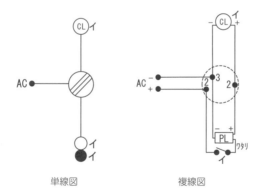

単線図　　　　　　　　複線図

異時点滅

　異時点滅は、スイッチがONになるとパイロットランプが消え、OFFになるとパイロットランプが点灯する接続方法です（●H と同じです）。トイレのホタルスイッチなどで利用されています。

　異時点滅の複線図には次の特徴があります。

- ジョイントボックスからスイッチに向けた配線が2本ある
- スイッチとパイロットランプが並列に接続されている

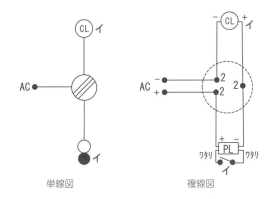

単線図　　　　　　　複線図

 重要！ 試験では、上記3種類すべての接続方法の複線図が出題されるので、描き起こし方をしっかりと習得しておいてください。

メモ…🖊 「同時点滅」や「異時点滅」などの名称に含まれている「点滅」という言葉の意味は、「スイッチに制御される（ON/OFFされる）」という意味です。

03 電線の線条数と複線図

　試験では、配線図から線条数を求める問題もよく出題されます。

　線条数とは、**配線図のそれぞれの部分の電線本数（心線数）**です。試験では「最小電線本数（線条数）」、または「最小電線本数（心線数）」のような形で出題されます。線条数の問題は、毎年1問は出題されています。

　線条数は**スイッチの数と配線の本数の関係**を理解しておくと簡単に求めることができますので、ここで解説します。

片切（単極）スイッチの線条数

　片切スイッチをつなぐときは、電源（＋）をスイッチの1次側につなぎ、2次側には器具（＋）をつなぐので**(p.139)**、**スイッチ1個に2本の配線**が必要です。

　スイッチが2個になると、電源（＋）とスイッチの1次側の配線は**共有**され、2次側の線はそれぞれのスイッチが制御する器具へつながれるので、配線は**3本**になります。このように、片切スイッチでは**スイッチが1個増えるごとに、線条数も1本ずつ増えていきます**。

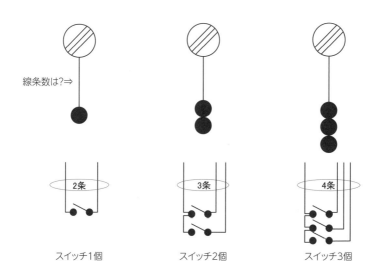

線条数は？⇒

2条	3条	4条
スイッチ1個	スイッチ2個	スイッチ3個

重要！ 片切スイッチの場合の線条数は「スイッチの個数＋1」になります。

🏠 3路スイッチ／4路スイッチの線条数

　3路スイッチでは0、1、3番のそれぞれに配線するので（**p.141**）、線条数は**3本**になります。また、4路スイッチでは、1－3番、2－4番のそれぞれに配線するので（**p.142**）、線条数は**4本**になります。

　また、3路スイッチと片切スイッチが一緒になった場合は、3路スイッチが3本、片切スイッチが2本ですが、**電源からの非接地線（＋）が共有される**ので、計**4本**になります。

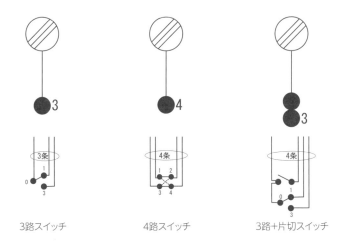

3路スイッチ　　　　　　4路スイッチ　　　　　　3路+片切スイッチ

 3路スイッチの回路の最小線条数を求める問題では、確率的に正解が4条である場合が多いです（あくまでも確率的に、という話です）。もしどうしても答えを導けなかった場合に備えて、一応、覚えておいてください。

🏠 複雑な3路スイッチの線条数

　3路スイッチは**2個**使用するので、次の2通りの方法で描き起こすことができます。

- 電源（＋）を**左側**の3路スイッチの0番につなぐ場合
- 電源（＋）を**右側**の3路スイッチの0番につなぐ場合

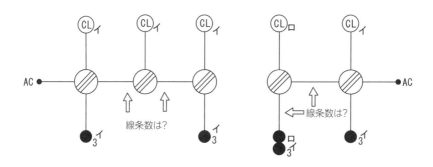

　上図の場合はいずれも、3路スイッチの箇所の線条数は**4条または5条**になります
が、このような場合は、**少ない材料の複線図が正解**になります。

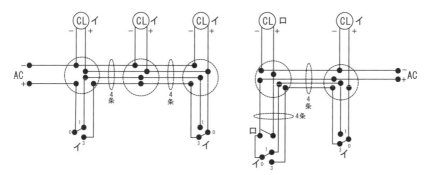

電源（＋）を左側の3路スイッチとつなげた場合は4条になる（こちらが正解）

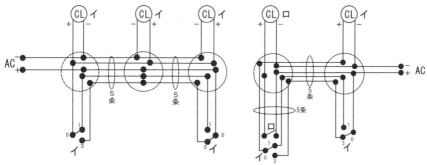

電源（＋）を右側の3路スイッチとつなげた場合は5条になる（不正解）

電線の接続

　実際の工事では、アウトレットボックスやジョイントボックス内の電線の接続に**リングスリーブ**(p.87)や**差込形コネクタ**(p.87)を使用します。試験ではリングスリーブや差込形コネクタの**種類**や**数量**を問う問題が毎年出題されます。

🔔 リングスリーブ

　リングスリーブには、大・中・小の3種類があり、これらは専用の**リングスリーブ用圧着工具**(p.88)で圧着します。圧着すると、大きさに応じた刻印がスリーブに残されます。下の写真はともに「小スリーブ」の圧着前後の写真です。実際にどのスリーブを使用するかは、**圧着する電線の太さと本数**で決まります（下表参照）。

圧着前

圧着後(○)

圧着前

圧着後(小)

♦ スリーブの接続

スリーブ	刻印	電線の太さと本数
小スリーブ	○	1.6mm：2本
	小	1.6mm：3〜4本
		2.0mm：2本
		2.0mm：1本 ＋ 1.6mm：1〜2本
中スリーブ	中	2.0mm：3〜4本
		2.0mm：1本 ＋ 1.6mm：3〜5本
		2.0mm：2本 ＋ 1.6mm：1〜3本
		2.0mm：3本 ＋ 1.6mm：1本
		2.6mm：2本
大スリーブ	大	1.6mm：7本
		2.0mm：5本
		2.6mm：3本

> **重要！** スリーブの種類や電線の太さ、本数は覚えるのが大変ですが、よく見ると電線の種類は**2種類**なので、本数との組合せや、全体の太さなどをイメージしながら少しずつ覚えていくことが大切です。前ページの表の赤字部分は必ず覚えてください。

差込形コネクタ

差込形コネクタには、2本用、3本用、4本用の3種類があります。使用できる電線の太さは**1.6mm**、**2.0mm**です。

2本用

3本用

4本用

それでは、具体的にどのような問題が出題されるのか見てみましょう。解き方の手順も併せて確認してください。

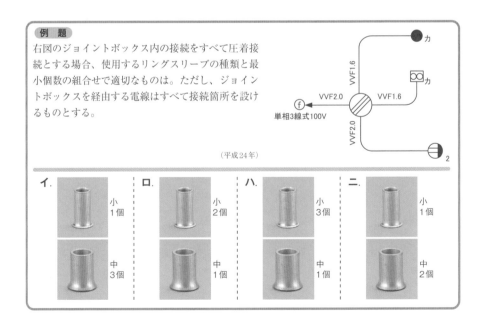

例題

右図のジョイントボックス内の接続をすべて圧着接続とする場合、使用するリングスリーブの種類と最小個数の組合せで適切なものは。ただし、ジョイントボックスを経由する電線はすべて接続箇所を設けるものとする。

（平成24年）

上記の配線図を複線図にすると次図のようになります。

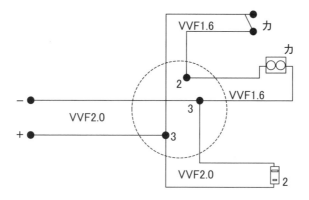

各結線ポイントを見ると次のことがわかります。

- 上側 2 個の接続は VVF1.6 と VVF1.6 なので、**小スリーブ**
- 中側 3 個の接続は VVF1.6 と VVF2.0 が 2 本なので、**中スリーブ**
- 下側 3 個の接続は VVF1.6 と VVF2.0 が 2 本なので、**中スリーブ**

したがって、中スリーブ 2 個と小スリーブ 1 個の組合せである「**ニ**」が正解になります。

以上のような手順で解いていきます。また、ジョイントボックスに差込形コネクタを使用する場合は、3 本用を 2 個と、2 本用を 1 個が必要になります。

このように、複線図を描き起こすことができれば正解を導き出せますので、スリーブの組合せをしっかり覚えておいてください。

精選過去問題 & 完全解答

（解答・解説は p.156）

電灯配線と複線図の問題

問題 5-1

下図矢印で示す部分の最小電線本数（線条数）は。

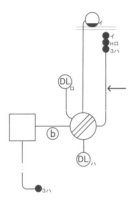

（平成25年）

イ. 3
ロ. 4
ハ. 5
ニ. 6

問題 5-2

下図矢印で示す部分の最小電線本数（線条数）は。ただし、電源からの接地側電線は、スイッチを経由しないで照明器具に配線する。

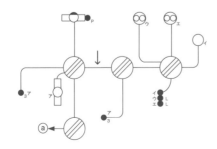

（平成23年）

イ. 3
ロ. 4
ハ. 5
ニ. 6

解答

問題 5-1　ハ　　　問題 5-2　ロ

問題 5-3

下図矢印で示す部分の最小電線本数（線条数）は。ただし、電源からの接地側電線は、スイッチを経由しないで照明器具に配線する。

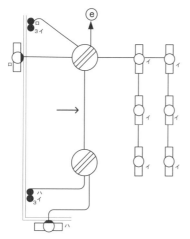

（平成24年）

イ. 3
ロ. 4
ハ. 5
ニ. 6

5

問題 5-4

右図矢印で示す天井内のジョイントボックス内において、接続をすべて圧着接続とする場合、使用するリングスリーブの種類と最小個数の組合せで適切なものは。ただし、使用する電線はVVF1.6－2Cとし、ジョイントボックスを経由する電線はすべて接続箇所を設けるものとする。

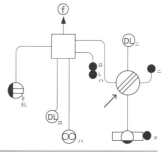

（平成24年）

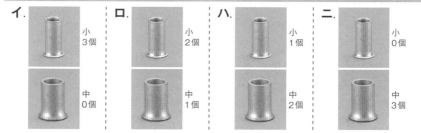

イ.　小 3個／中 0個
ロ.　小 2個／中 1個
ハ.　小 1個／中 2個
ニ.　小 0個／中 3個

解答

問題5-3 **ロ**　　問題5-4 **イ**

問題5-5

右図矢印で示す天井内のジョイント
ボックス内において、接続をすべて圧着
接続とする場合、使用するリングスリー
ブの種類と最小個数の組合せで、適切な
ものは。

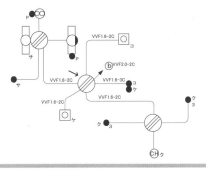

(平成23年)

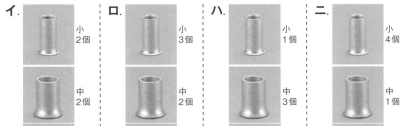

イ.	ロ.	ハ.	ニ.
小 2個	小 3個	小 1個	小 4個
中 2個	中 2個	中 3個	中 1個

問題5-6

右図矢印で示す天井内のジョイント
ボックス内において、接続をすべて圧着
接続とする場合、使用するリングスリー
ブの種類と最小個数の組合せで、適切な
ものは。

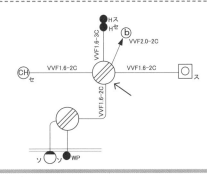

(平成23年)

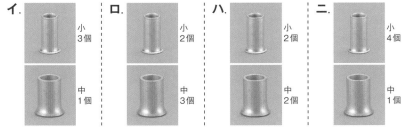

イ.	ロ.	ハ.	ニ.
小 3個	小 2個	小 2個	小 4個
中 1個	中 3個	中 2個	中 1個

解答

154　**問題5-5** イ　　　**問題5-6** イ

問題5-7

右図矢印で示すVVF用ジョイントボックス内において、接続をすべて差込形コネクタとする場合、使用する差込形コネクタの種類と最小個数の組合せで、適切なものは。ただし、使用する電線はVVF1.6 - 2Cとし、ジョイントボックスを経由する電線は、すべて接続箇所を設けるものとする。

(平成25年)

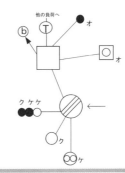

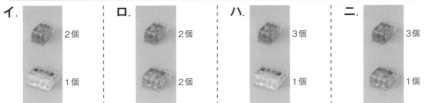

イ.	ロ.	ハ.	ニ.
2個 / 1個	2個 / 2個	3個 / 1個	3個 / 1個

問題5-8

鉄筋コンクリート造集合住宅の配線図です。右図矢印で示す天井内のジョイントボックス内において、接続をすべて差込形コネクタとする場合、使用する差込形コネクタの種類と最小個数の組合せで、適切なものは。ただし、使用する電線はVVF1.6とする。

(平成25年)

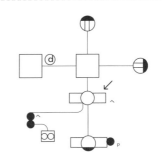

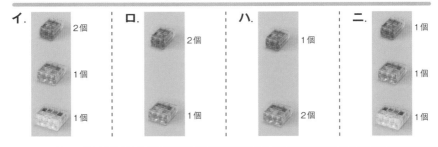

イ.	ロ.	ハ.	ニ.
2個 / 1個 / 1個	2個 / 1個	1個 / 2個	1個 / 1個 / 1個

解答

問題5-7　ハ　　　問題5-8　ニ

解 答 ・ 解 説

解答5-1

ハ

ジョイントボックスからスイッチに
至る配線は次の**5本**になります。

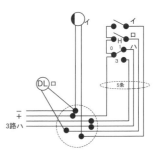

- 非接地側電線：**1本**
- スイッチから電灯イの線：**1本**
- ホタルスイッチから埋込器具
  ロの線：**1本**
- 3路スイッチから他の3路ス
  イッチへの線：**2本**

解答5-2

ロ

複線図は下図のとおりです。なるべく直線状になるように器具を配置
すると描きやすくなります。

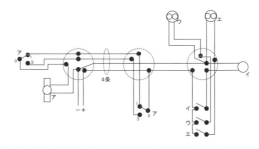

解答5-3

ロ

3路スイッチの場合、電源からの非接地側電線をどちらの3路スイッチ
とつなげるかによって線条数が変わることがあるので(p.148)、両方とも
書いて判断する必要があります。

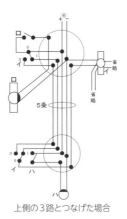

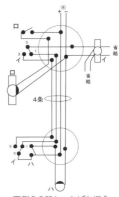

上側の3路とつなげた場合　　　　　下側の3路とつなげた場合

解答 5-4

イ

複線図は下図のとおりです。ケーブルはVVF1.6なのでスリーブは**小が3つ**になります。

解答 5-5

イ

複線図は下図のとおりです。リングスリーブは、2.0mmと1.6mmの異なる組合せの場合は、「2.0mm：1本 ＋ 1.6mm：3～5本」(中スリーブ)となります。

解答 5-4 の複線図	解答 5-5 の複線図
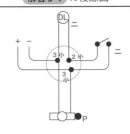	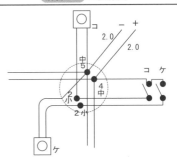

解答 5-6

イ

複線図は下図のとおりです。リングスリーブ2.0mmと1.6mmの異なる組合せの場合は「**2.0mm：1本 ＋ 1.6mm：1～2本**」(小スリーブ)、または「**2.0mm：1本 ＋ 1.6mm：3～5本**」(中スリーブ)となります。

解答 5-7

ハ

複線図は下図のとおりです。差込形コネクタは三角(▲)、リングスリーブは丸(●)のように分けておくとわかりやすいと思います。

解答 5-6 の複線図	解答 5-7 の複線図
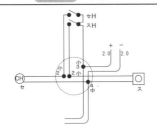	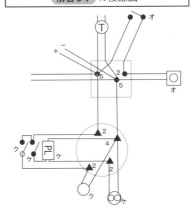

解答5-8

ニ

複線図は下図のとおりです。蛍光灯にジョイントボックスがある場合は、下図のように、ジョイントボックスを描いて、その横に蛍光灯を描くと、わかりやすいです。

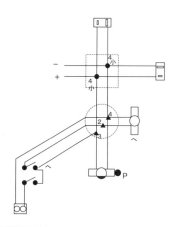

基本的な施工方法を覚えよう！

電気工事の施工方法

第6章
01 施設場所と配線方法

　屋内・屋外配線工事で行える工事内容は**施設場所**によって異なります。そのため、施設場所ごとの違いや特徴を把握しておくことが必要です。また、使用する電線のつなぎ方や、接地工事の種類、特殊な工事についても理解しておく必要があります。

　施設場所については、大きく次の3つに分類されます。

（ⅰ）屋外配線工事（引込口配線工事）

（ⅱ）低圧屋内配線工事

（ⅲ）その他の場所の工事（特殊工事など、屋外・屋内以外の工事）

　上記のうち、（ⅰ）屋外配線工事（引込口配線工事）については、第4章で解説しましたので、本章では**（ⅱ）低圧屋内配線工事**と**（ⅲ）その他の場所の工事**について詳しく見ていきます。試験では、本章の範囲から5問ほど出題されています。

 （ⅰ）屋外配線工事で施設できる工事は次の4種類に限られています。詳しくは第4章で解説していますが、復習として次の4種類の工事を覚えておいてください。

・金属管工事（木造以外に限る）
・合成樹脂管工事
・ケーブル工事（金属製外装のケーブルは木造以外に限る）
・がいし引き工事（展開した場所に限る）

🏠 低圧屋内配線工事

　屋内配線を施設する場所は、次の3つに区分されます。それぞれの区分に応じて配線工事を選ぶ必要があります。

👆 屋内配線を施設する場所の区分

場所	内容
展開した場所 （露出した場所）	配線を目で見てすぐに確認できる場所 例）壁、天井の表面
点検できる 隠ぺい場所	普段は見えないところに隠れているが、点検口などから点検できる場所 例）天井裏、押入れ
点検できない 隠ぺい場所	配線が完全に隠れていて、壁や床を壊さないと点検できない場所 例）天井懐、床下、壁内

屋内配線を施設する場所の区分

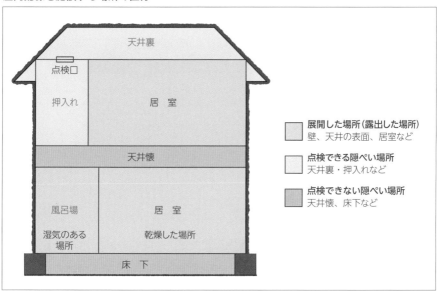

さらに、上記の各施設場所は「**乾燥した場所**」と「**それ以外の場所**」（湿気や水気のある場所）の2つに分類され、これらの区分ごとに施設できる配線や工事を選択する必要があります。次ページの表に施設場所区分ごとの配線方法をまとめますので見ておいてください。

6

★ 低圧屋内配線の施設場所と工事の種類（電技解釈 第156条）

施設場所／工事の種類	展開した場所・点検できる隠ぺい場所		点検できない隠ぺい場所	
	乾燥した場所	湿気・水気のある場所	乾燥した場所	湿気・水気のある場所
金属管工事	◎	◎	◎	◎
金属製可とう電線管工事	◎	◎	◎	◎
合成樹脂管工事（CD管以外）	◎	◎	◎	◎
ケーブル工事	◎	◎	◎	◎
がいし引き工事	◎	◎	×	×
金属ダクト工事	◎	×	×	×
金属線ぴ工事	○	×	×	×
ライティングダクト工事	○	×	×	×
フロアダクト工事	×	×	△	×

凡例：◎：600V以下で施設可　　○：300V以下で施設可　　△：コンクリート床内に限る　　×：施設不可

　上表を見るとわかるとおり、**低圧屋内配線では、上部の4つの工事（金属管工事、金属製可とう電線管工事、合成樹脂管工事、ケーブル工事）は、どの場所でも施設できます。**

　一方、金属ダクト工事、金属線ぴ工事、ライティングダクト工事の3つの工事は、**点検できない隠ぺい場所と湿気のある場所では施設できません。**このことは必ず覚えておいてください。

重要！　すべての項目を丸暗記する必要はありませんが、上部4つの工事（金属管工事、金属製可とう電線管工事、合成樹脂管工事、ケーブル工事）については、「すべての場所に施設できる」ということを覚えておいてください。また、乾燥した場所のみに施設できる「ライティングダクト工事」や「金属線ぴ工事」などに関する出題が多いので覚えておいてください。

メタルラス等の絶縁（電技解釈 第145条）

　木造建物のメタルラス張りや、ワイヤラス張り、金属板張りの壁に、ケーブルや金属管を貫通させる場合は、漏電しないように、メタルラス、ワイヤラスや金属板などを**十分に切り開き**、また金属管などは**耐久性のある防護管**（絶縁管＝合成樹脂管など）などに収めて絶縁しなければなりません。

メタルラスの絶縁

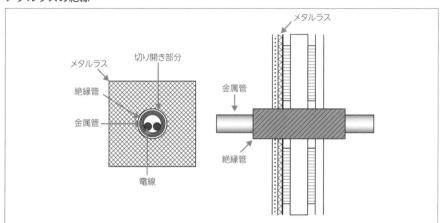

参考・引用文献：オーム社編（2011），第二種電気工事士筆記完全マスター，P88，オーム社

 「ケーブルや金属管は、防護管（絶縁管）に収めて絶縁する」ということを押さえてください。

 ## 弱電流電線等との接近交差（電技解釈 第167条）

　がいし引き工事以外※の配線工事では、弱電流電線（電話線や小勢力回路の電線など）や水管、ガス管がある場合は、**接触しないように施設する必要があります。**
※がいし引き工事では、隔離距離（10cm、または、30cm）をとる必要があります。

電線の接続（電技解釈 第12条）

　電気工事において、**電線の接続**は大切な作業の1つです。電線の接続が正しくできていないと、断線や火災の原因になることがあります。こうした危険を未然に防ぐために、電線の接続に関し、守らなくてはならない条件が規定されています。

（ⅰ）電線の電気抵抗を増加させないこと

（ⅱ）電線の引張り強さを20％以上減少させないこと

（ⅲ）接続部分には、接続管その他の器具（差込形コネクタなど）を使用するか、ろう付けをする

（ⅳ）接続部分の絶縁電線の絶縁物と同等以上の絶縁効力のある接続器を使用する場合を除き、接続部分を絶縁電線の絶縁物と同等以上の絶縁効力のあるもので十分被覆すること（以下の［重要!］を参照）

（ⅴ）コード相互、キャブタイヤケーブル相互、ケーブル相互、またはこれらのものを相互に接続する場合は、コード接続器、接続箱その他の器具を使用すること

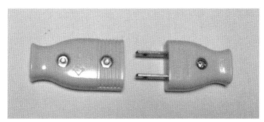

コード接続機

重要! 上記の（ⅳ）に関し、リングスリーブ接続の場合は、ビニルテープなどで被覆します。VVF1.6平形とビニルテープ（0.2mmの厚さ）の絶縁処理は、半幅以上重ねて2回（4層）以上巻く必要があります。
VVF1.6の絶縁被覆の厚さは0.8mmなので、同等以上の絶縁効力を持つためには、0.8÷0.2 = 4（層）となるからです。

接地工事（電技解釈 第17条）

電気機械器具や設備・配管などを、**接地線**を用いて**大地**とつなぐことを「接地」と いいます。接地工事を行うことで、漏れ出た電気を大地に逃がすことができます。 この工事は、漏電などによる感電や火災の発生を未然に防ぐための工事です。

接地工事

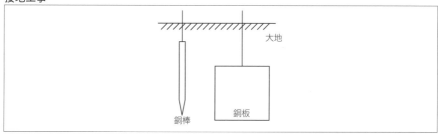

接地工事は、漏電などによる感電や火災を防ぐためにも、とても大切な工 事です。試験でも確実に問われる内容ですので、しっかりと読み進めてく ださい。

接地工事の目的

接地工事の目的は「**機械器具・金属製の配管等を大地と接続して、漏電による感 電や火災を防止する**」ことです。

接地工事の種類

接地工事には**A**、**B**、**C**、**D**の4種類があります。そのうち、A・B種接地工事は 高圧部分を範囲としているので第1種電気工事士が担当します。

C・D種接地工事は600V以下の低圧部分が範囲なので、第2種電気工事士の担当

です。低圧のうち300Vを超える**C**種接地工事、300V以下の**D**種接地工事のそれぞれの**接地抵抗値**、および**接地線の太さ**は次のように規定されています。

📛 接地工事

接地工事の種類		接地抵抗値	接地線の太さ
C種接地工事	10Ω以下	地絡が生じた場合に0.5秒以内に自動的に電路を遮断する装置を施設した場合は500Ω以下	1.6mm以上
D種接地工事	100Ω以下		

注：移動用電気機器の接地線は、キャブタイヤケーブルの0.75mm²の1心線を使用します。

重要！

接地抵抗値と接地線の太さは、必ず覚えておいてください。とても重要です。

　なお、**低圧屋内配線で使用する電路**は使用電圧が**300V以下**ですので、必ず**D**種接地工事が適用されます（低圧屋内配線＝**D**種と覚えておいてください）。

　また、機械器具の老朽化や故障などによって漏電した場合を考慮して、機械器具の鉄台や外箱にも接地工事を行います。

📛 機械器具の鉄台および外箱の接地工事

機械器具の区分	接地工事
300V以下の低圧用	D種接地工事
300Vを超える低圧用	C種接地工事
高圧・特別高圧用	A種接地工事

メモ...✎　地絡とは「電路から大地に電流が流れること」です（例：漏電）。また、短絡とは「電路間の絶縁が低下して、電路間が導通し、電流が流れること」です（例：ショート）。

 ## 接地工事の省略

　接地工事は上記のとおり、とても重要な工事ですが、次の条件を満たすときはD種接地工事を省略できます。

（ⅰ）対地電圧 150V 以下の機器を乾燥した場所に施設する場合

（ⅱ）低圧用の機械器具を乾燥した木製の床や絶縁性のものの上で取り扱うように施設する場合

（ⅲ）電気用品安全法の適用を受ける二重絶縁の構造の機械器具を施設する場合

（ⅳ）水気のない場所に施設した機械器具に電気を供給する電路に、電気用品安全法の適用を受ける漏電遮断器（定格感度電流 15mA 以下、動作時間 0.1 秒以下）を施設する場合

（ⅴ）電源側に絶縁変圧器（2 次電圧 300V 以下で容量が 3KV・A 以下）を施設し、その負荷側の電路を接地しない場合

 メモ... 絶縁変圧器とは、感電防止のために、1 次側と 2 次側（負荷側）を電気的に絶縁した変圧器です。

メモ... コンクリートの床は、木製の床とは異なるので接地工事の省略はできません。

6

💡 D 種接地工事の特例

　D 種接地工事を施す金属体と大地との電気抵抗が 100 Ω 以下の場合は、D 種接地工事を施したとみなされます。つまり、この場合も接地工事を省略できます。これは D 種接地工事の特例です。

 条件が多すぎて、覚えるのが大変です。すべてを覚える必要がありますか？

 条件が多く、覚えるのが大変ですが、赤字の部分を中心に、少しずつ覚えていってください。二重絶縁の構造の機械器具は、電子レンジなどです。

金属管工事
（電技解釈 第159条）

金属管工事とは、薄鋼電線管やねじなし電線管といった、**金属製の電線管に電線を通して配線する工事**です。金属管工事は、屋内配線工事ではすべての場所に施設できます（p.162）。

薄鋼電線管

ねじなし電線管

金属管は下図のように、サドルを用いて造営材に取り付けたり、コンクリートに埋め込んだりして使用します。

金属管の使用例

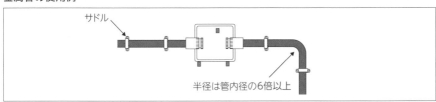

サドル

半径は管内径の6倍以上

金属管工事に関する規定

金属管工事では、次のことが規定されています。

①使用できる電線

金属管工事で使用できる電線は次のとおりです。

- 絶縁電線（屋外用ビニル絶縁電線OW を除く）
- 金属管内では電線に接続点を設けてはならない（電線の接続は必ずボックス内で行う）

②金属管の屈曲

金属管の屈曲に関しては、次の規定があります。

- 内側の曲げ半径は、管内径の6倍以上とする
- アウトレットボックスやその他のボックス間の金属管には、3箇所を超える直角の屈曲箇所を設けない

 重要! 使用できる電線の種類と「接続は金属管内では行わない」ということを押さえておいてください。

6

③管端の保護

管端の保護に関しては、次の規定があります。

- 管の端口には、電線の被覆を損傷しないようにブッシングを使用する
- 金属管からがいし引き工事 (p.177) に移る場合は、金属管の端口に絶縁ブッシングを使用する

ブッシング

④電磁的平衡

電線を金属管に収めるときは、回路が同じ電線はすべて**同じ金属管内**に収めます。これは金属管内の電磁的平衡（へいこう）を保つためです。

電磁的平衡とは、**1回路の電線はすべて金属管に収めることで、電流によって生じる磁束を平衡させること**です。管内の電線に電流が流れると磁束が生じ、金属管本体に渦電流が流れます。金属管に電流が流れると加熱して問題が生じるため、同一回路の電線を収めることで磁束を打ち消すようにします。

単相2線式

単相3線式・三相3線式

⑤金属管の接地工事

金属管の接地工事については、次の規定があります。

- 使用電圧が 300V 以下の場合は、D 種接地工事を施設する
- 使用電圧が 300V を超える場合は、C 種接地工事を施設する

なお、使用電圧が**300V 以下の場合**で、かつ次の条件を満たす場合は、接地工事を省略できます。

- 管の長さが 4m 以下のものを乾燥した場所に施設する場合
- 対地電圧が 150V 以下の場合で、8m 以下のものに簡易接触防護措置を（人が容易に触れる恐れがないように）施設するとき、または乾燥した場所に施設するとき

また、使用電圧が 300V を超える場合でも、**接触防護措置**を（人が触れる恐れがないように）施設する場合は D 種接地工事に変更できます。

D種接地工事を省略できる条件と、300Vを超える場合でもD種接地工事ですむ場合の条件は必ず覚えておいてくださいね。

金属製可とう電線管
工事（電技解釈 第160条）

金属製可とう電線管とは、柔軟に曲げて使用できる金属製の電線管です。名称に含まれる「可とう」とは、「曲げられる」という意味です。この電線管は、電動機のような振動のある場所や屈曲の多い場所で使用されます。

以前は、金属製可とう電線管には1種と2種がありましたが、1種の施工場所が点検できる乾燥した場所に限られることと、また、JIS規格が廃止になったため、実際は金属製可とう電線管といえば2種のことを指します。「プリカチューブ」という名称で商品化されています。

金属製可とう電線管は、金属管と同様、**屋内配線工事ではすべての場所で施設できます**。

金属製可とう電線管

 ## 金属製可とう電線管工事に関する規定

金属製可とう電線管工事では、次のことが規定されています。

①使用できる電線

金属製可とう電線管工事で使用できる電線は次のとおりです。

- 絶縁電線（屋外用ビニル絶縁電線 OW を除く）
- 金属管内では電線に接続点を設けてはならない（電線の接続は必ずボックス内で行う）

②金属製可とう電線管の屈曲

金属製可とう電線管の屈曲に関しては、次の規定があります。

- 内側の曲げ半径は、管内径の 6 倍以上とする
- 露出場所、または点検できる隠ぺい場所で、管の取り外しができる場合、管の内側の曲げ半径は管内径の 3 倍以上とする

③金属製可とう電線管の接地工事

金属製可とう電線管の接地工事については、次の規定があります。

- 使用電圧が 300V 以下の場合は、D 種接地工事を施設する
- 使用電圧が 300V を超える場合は、C 種接地工事を施設する

ただし、使用電圧が **300V 以下**で、かつ管の長さが **4m 以下**の場合は D 種接地工事を省略できます。また、使用電圧が300V を超える場合でも、**接触防護措置を**（人が触れる恐れがないように）施設する場合は **D 種接地工事**に変更できます。

④金属製可とう電線管の接続

金属製可とう電線管を接続する際は次の部品を使用します。

- 金属製可とう電線管同士の接続：金属管と同じカップリング
- 金属製可とう電線管とボックスの接続：ストレートボックスコネクタ
- 金属製可とう電線管とネジなし電線管の接続：コンビネーションカップリング

重要! 金属管の場合と同様に、使用できる電線の種類と「接続は金属管内では行わない」ということを押さえておいてください。また、ねじなし電線管とは「コンビネーションカップリング」で接続する、という点も頭に入れておいてください。

メモ... 金属製可とう電線管の切断には、**プリカナイフ**を使用します。

プリカナイフ

合成樹脂管工事
（電技解釈 第158条）

　合成樹脂管工事とは、**合成樹脂製可とう電線管**（PF管・CD管）と**硬質塩化ビニル電線管**（VE管）を使用する工事です。これらの電線管は衝撃に弱いですが、絶縁性が高いため、金属管と同様に、屋内配線工事ではすべての工事で施設できます。また、造営材にサドルで取り付けることもできます。CD管はコンクリートに埋め込んで使用します。

合成樹脂製可とう電線管（PF管）

硬質塩化ビニル電線管（VE管）

合成樹脂管工事に関する規定

　合成樹脂管工事では、次のことが規定されています。

①使用できる電線

　合成樹脂管工事で使用できる電線は次のとおりです。

- 絶縁電線（屋外用ビニル絶縁電線OWを除く）
- 管内では電線に接続点を設けてはならない（電線の接続は必ずボックス内で行う）

 使用できる電線は、前項の「金属管工事」「金属製可とう電線管工事」の場合とまったく同じですね！

②合成樹脂管の屈曲

　合成樹脂管の屈曲に関しては、次の規定があります。

- 内側の曲げ半径は、管内径の6倍以上とする

③合成樹脂管の接地工事（金属製アウトレットボックス）

　合成樹脂管につなぐ金属製アウトレットボックスの接地工事については次の規定があります。規定の内容は金属管と同じです（p.170）。

- 使用電圧が300V以下の場合は、D種接地工事を施設する
- 使用電圧が300Vを超える場合は、C種接地工事を施設する

　なお、使用電圧が**300V以下の場合**で、かつ次の条件を満たす場合は、接地工事を省略できます。

- 乾燥した場所に施設する場合
- 対地電圧が150V以下の場合で簡易接触防護措置（人が容易に触れる恐れがないように）を施設するとき

　また、使用電圧が300Vを超える場合でも、**接触防護措置**を（人が触れる恐れがないように）施設する場合は**D種接地工事**に変更できます。

重要!　接地工事の規定は、合成樹脂管そのものではなく、「合成樹脂管につなぐアウトレットボックス（金属製）の規定」であることに注意してください。金属の接地工事ですので、前述の金属管の規定が適用されます。

④合成樹脂管の支持・連結

　合成樹脂管の支持・連結については、次の規定があります。

- 管をサドルで固定する支持点間の距離は**1.5m以下**とする
- 管相互の接続には、ボックスまたはカップリングを使用する
- 硬質塩化ビニル電線管相互を差し込む深さは、
  - ・接着剤を使用しない場合：外径の**1.2倍**
  - ・接着剤を使用する場合：外径の**0.8倍**

管をサドルで固定する支持点間の距離

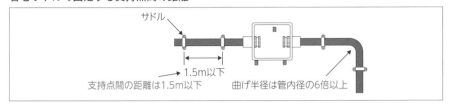

サドル

→ 1.5m以下

支持点間の距離は1.5m以下　　曲げ半径は管内径の6倍以上

合成樹脂製可とう電線管用
カップリング
（合成樹脂製可とう電線管）

TSカップリング
（硬質塩化ビニル電線管）

6

硬質塩化ビニル電線管相互の差込深さ

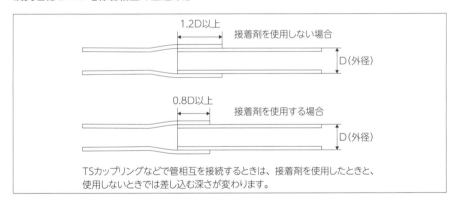

1.2D以上

接着剤を使用しない場合

D（外径）

0.8D以上

接着剤を使用する場合

D（外径）

TSカップリングなどで管相互を接続するときは、接着剤を使用したときと、
使用しないときでは差し込む深さが変わります。

メモ… 硬質塩化ビニル電線管を切断し、その切断箇所に**TSカップリング**を使用して管相互
を接続する場合に使用する工具、および材料の使用順序は次のとおりです。稀に、試
験で手順が問われることがあるので、余力があれば覚えておいてください。

1．金切りのこで電線管を切断する
2．面取器で電線管の内側と外側の角を削り取る
3．ウエス（布）で接続箇所の切り粉やほこりを拭き取る
4．**TS**カップリングの内側と接続する電線管の外側に接着剤を塗る
5．管を差し込む

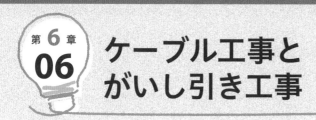

 ## ケーブル工事（電技解釈 第164条）

　ケーブル工事とは、**ビニル外装やポリエチレン外装のケーブルを使用する工事**です。屋内配線工事ではすべての場所に施設できます。また、電線管を使う工事よりも簡単であるため、**屋内配線で広く使われています**。

💡 ケーブル工事の規定

　ケーブル工事では、次のことが規定されています。

①電線の支持点間

　電線の支持点間に関しては、次の規定があります。

- 造営材の側面または下面に施設する場合（水平方向に取り付ける場合）：2m以下
- 接触防護措置を施した（人が触れる恐れのない）場所で垂直に施設する場合：6m以下

電線の支持点間

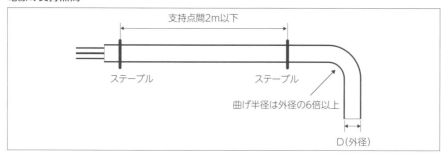

②ケーブルの屈曲

　ケーブルの屈曲に関しては、次の規定があります。

- 内側の曲げ半径は、ケーブルの**仕上がり外径**の**6倍以上**にすること

ただし、露出配線でやむを得ない場合は、ケーブルの被覆にひび割れの生じない範囲の屈曲にすることができます。

③ケーブルの接続

ケーブルの接続に関しては、次の規定があります。

- ケーブル相互の接続は、原則としてアウトレットボックスやジョイントボックスなどの内部で行う

④ケーブルの防護

ケーブルの防護に関しては、次の規定があります。

- 重量物の圧力、または著しい機械的衝撃を受ける恐れがある場所に施設する場合（コンクリートに埋め込む場合など）は、ケーブルを金属管などに収めて防護する
- ケーブルを収める防護装置の金属部分には、金属管の接地工事と同様の接地工事を施設しなければならない

6

がいし引き工事（電技解釈 第157条）

がいし引き工事とは、**陶器などの「がいし」を造営材に取り付けて、そこに絶縁電線をバインド線で固定する配線工事**です。最近の一般住宅ではあまり見られなくなった配線方法ですが、ネオン放電灯工事の管灯回路では今でも見ることができます。この工事は主に、**展開した場所（露出場所）や点検できる隠ぺい場所**で施設できます。

ノップがいし

💡 がいし引き工事の規定

　がいし引き工事に関しては、**電線の支持点間の距離**と**電線の離隔距離**が規定されています。電線の支持点間の距離は「造営材に沿って取り付ける場合は**2m以下**」とします。また、電線の離隔距離については下表のように規定されています。

👄 電線の離隔距離

対象	使用電圧300V以下	使用電圧300V超過
電線相互	6cm以上	6cm以上
電線と造営材	2.5cm以上	4.5cm以上※

※乾燥した場所では2.5cm以上です。

がいし引き工事

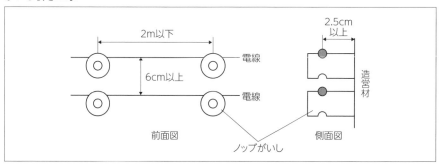

金属線ぴ工事、
および各種ダクト工事

 金属線ぴ工事（電技解釈 第161条）

　線ぴ（線樋）とは、**樋にふたが付いた器具**です。壁や天井に沿って取り付けて、その中に電線を収めて配線します。金属線ぴには、1種金属線ぴ（幅4cm未満）と2種金属線ぴ（幅4cm以上5cm以下）の2種類があります。

1種

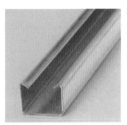

2種

金属線ぴ工事に関する規定

　金属線ぴ工事では、次のことが規定されています。

金属線ぴ工事に関する規定

項目	規定内容
①使用できる電線	・絶縁電線（屋外用ビニル絶縁電線OWを除く） ・金属線ぴ内では電線に接続点を設けてはならない。ただし、2種金属線ぴを使用し、かつ電線を分岐し、接続点を容易に点検でき、D種接地工事を施す場合を除く
②接地工事	D種接地工事を施設する。 ただし、次の条件を満たす場合は、接地工事を省略できる ・線ぴの長さが4m以下のものを施設する場合 ・対地電圧が150V以下の場合で、かつ線ぴの長さが8m以下のものに、簡易接触防護措置（人が容易に触れる恐れがないように）を施設するとき、または乾燥した場所に施設するとき

> 重要！　金属線ぴ工事に関しては、上記に示した条件（2種金属線ぴの使用、電線の分岐、点検の容易さ、D種接地工事）を満たしている場合は、接続点を設けることができます。

金属ダクト工事（電技解釈 第162条）

　金属ダクトは主に、工場やビル内でたくさんの電線を配線する際に施設します。金属ダクトは樋の幅が**5cm**を超えるものが該当します。

金属ダクト

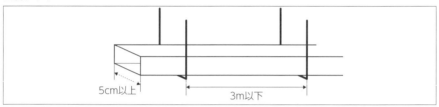

5cm以上　　　3m以下

金属ダクト工事に関する規定

　金属ダクト工事では、次のことが規定されています。

■金属ダクト工事に関する規定

項目	規定内容
①使用できる電線	・絶縁電線（屋外用ビニル絶縁電線OWを除く） ・金属ダクト内では電線に接続点を設けてはならない。ただし、電線を分岐する場合において、接続点を容易に点検できるときを除く ・金属ダクトに収める電線の被覆を含む断面積は、ダクト内断面積の**20%以下**とする
②ダクトの支持点間	・ダクトを造営材に取り付ける場合：**3m以下** ・取扱者以外の者が出入りできないように措置した場所に、垂直に取り付ける場合：**6m以下**
③接地工事	・使用電圧が**300V以下**の場合は、**D種接地工事**を施設する ・使用電圧が**300V**を超える場合、**C種接地工事**を施設する ただし、使用電圧が300Vを超える場合でも、接触防護措置を（人が触れる恐れがないように）施設する場合はD種接地工事に変更できる

ライティングダクト工事（電技解釈 第165条）

ライティングダクトとは、**樋の内部に導体が組み込まれたダクト**です。任意の位置に照明器具用のプラグを取り付けられます。ダクトの開口部は下向きで使用します。

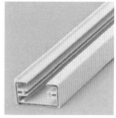

ライティングダクト

 ### ライティングダクト工事に関する規定

ライティングダクト工事では、次のことが規定されています。

■ ライティングダクト工事に関する規定

項目	規定内容
①施設方法	・ダクトの支持点間は 2m 以下 ・開口部は下向きにする ・ダクトの終端部は閉塞する ・造営材を貫通して施設してはならない
②接地工事	合成樹脂等で金属部分を被覆したダクトを使用する場合を除いて、D種接地工事を施設する。ただし、対地電圧が150V以下で、ダクトの長さが 4m 以下の場合は省略できる
③漏電遮断器の施設	簡易接触防護措置を施していない場所に施設する場合は、漏電遮断器を施設する

ライティングダクトの施設方法

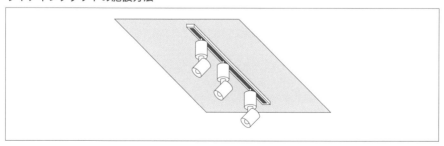

フロアダクト工事（電技解釈 第165条）

フロアダクト工事とは、**床下のコンクリートに金属製のダクトを埋め込み、床から電源を取れるように電線を配線する工事**です。

💡 フロアダクト工事に関する規定

フロアダクト工事では、次のことが規定されています。

フロアダクト工事に関する規定

項目	規定内容
①施設方法	床のコンクリートに金属製のダクトを埋め込み、コンセントや電線を配線する
②接地工事	D種接地工事を施設する

💡 フロアダクト工事の材料

フロアダクト工事に関しては、使用する材料についての問題が出題されることがありますので覚えておいてください。

フロアダクト工事の材料

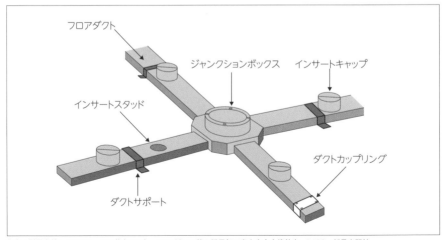

参考・引用文献：ノマドワークス著（2010），ここが出る!!第2種電気工事士完全合格教本，P182，新星出版社

第 6 章
08 その他の工事

前項までに屋外工事および屋内工事を見てきましたが、ここでは、試験に出題される屋外・屋内工事以外の工事を紹介します。

コードの配線工事（電技解釈 第172条）

コードとは、**電気機器に電力を供給する移動用の電線**です。コードにはケーブルのような耐久性がないため、コードを直接造営材に取り付けることは**禁止**されていますが、**ショウウインドー**や**ショウケース**の配線に限り、例外として認められています。

🎈 ショウウインドー・ショウケースの配線工事に関する規定

ショウウインドー・ショウケースの配線工事に関しては、配線工事の方法が次のように規定されています。

- 乾燥した場所に施設し、内部を乾燥した状態で使用するショウウインドーやショウケース内の使用電圧が300V以下の配線は、コード・キャブタイヤケーブル（移動用のケーブル）を造営材に接触して施設できる

また、次の規定もあります。次ページの図と併せて覚えておいてください。

- 電線の断面積は、0.75mm^2 以上とする
- 電線の取り付け間隔は、1m 以下とする
- 低圧屋内配線との接続には、差込接続器などを使用する

コードの配線工事

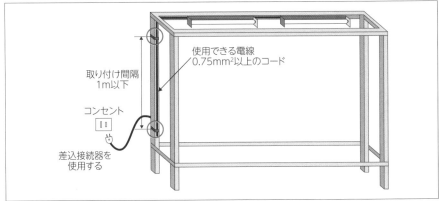

使用できる電線
0.75mm²以上のコード

取り付け間隔
1m以下

コンセント

差込接続器を
使用する

参考・引用文献：オーム社編(2011)，第二種電気工事士筆記完全マスター，P104，オーム社

 ## 特殊な場所の工事（電技解釈 第175～177条）

　引火や爆発の危険があるものを取り扱う「特殊な場所の工事」（爆発の恐れがある場所の工事）では、スパークなどによる爆発事故を防ぐために、施設できる工事が制限されています。

　危険物があるところでの配線工事は次のように規定されています。

特殊な場所の工事（爆発の恐れがある場所の工事）

危険な場所	工事の種類
爆燃性粉塵の存在する場所 （マグネシウム、アルミニウムなど）	・金属管工事（薄鋼電線管以上の強度を有するもの） ・ケーブル工事（VVF などは防護装置に収める）
可燃性ガスの存在する場所 （プロパン、シンナー、ガソリンなど）	
可燃性粉塵が存在する場所 （小麦粉、でん粉など）	・金属管工事（薄鋼電線管以上の強度を有するもの） ・ケーブル工事（VVF などは防護装置に収める） ・合成樹脂管工事（厚さ2mm未満の合成樹脂製電線管、CD管を除く）
危険物を製造・貯蔵する場所 （セルロイド、マッチ、石油など）	

 重要！ 爆燃性粉塵や可燃性ガス、および可燃性粉塵や危険物を製造・貯蔵する場所ごとに、施設できる工事を覚えてください。

ネオン放電灯工事（電技解釈 第186条）

ネオン放電灯工事とは、**看板などのネオン管を取り付ける工事**です。ネオン管の点灯には専用の変圧器（ネオン変圧器）を施設します。

ネオン変圧器

ネオン放電灯工事に関する規定

配線工事の方法が次のように規定されています。

ネオン放電灯工事に関する規定

項目	規定内容
①配線方法	ネオン放電灯の配線は、15A分岐回路または20A配線用遮断器分岐回路で使用するか、電灯回路と併用する。また、使用電圧が1000Vを超えるネオン放電灯の管灯回路の配線は、がいし引き工事で施設する
②使用できる電線	・電線は、ネオン電線を使用する ・電線の取り付け間隔は1m以下とする ・電線相互の間隔は6cm以上とする ・人が触れる恐れがない展開した場所、または点検できる隠ぺい場所に施設する
③接地工事	ネオン変圧器の金属製外箱にD種接地工事を施す

精選過去問題 & 完全解答

（解答・解説は p.192）

設置場所と配線方法に関する問題

問題6-1

使用電圧100（V）の屋内配線で、湿気の多い場所における工事の種類として、不適切なものは。

（平成17年、平成25年、令和2年）

- **イ.** 点検できない隠ぺい場所で、防湿装置を施した金属管工事
- **ロ.** 点検できない隠ぺい場所で、防湿装置を施した合成樹脂管工事（CD管を除く）
- **ハ.** 展開した場所で、ケーブル工事
- **ニ.** 展開した場所で、金属線ぴ工事

問題6-2

木造住宅の金属板張りの外壁（金属系サイディング）を貫通する部分の低圧屋内配線工事として、適切なものは。
ただし、金属管工事、金属製可とう電線管工事に使用する電線は、600V ビニル絶縁電線とする。

（平成25年、平成28年）

- **イ.** 金属管工事とし、金属板張りの外壁と電気的に完全に接続された金属管にD種接地工事を施し貫通施工した
- **ロ.** 金属管工事とし、壁に小径の穴を開け、金属板張りの外壁と金属管とを接触させ金属管を貫通施工した
- **ハ.** ケーブル工事とし、貫通部分の金属板張りの外壁を十分に切り開き、600V ビニル絶縁電線ビニルシースケーブルを合成樹脂管に収めて電気的に絶縁し貫通施工した
- **ニ.** 金属製可とう電線管工事とし、貫通部分の金属板張りの外壁を十分に切り開き、金属製可とう電線管を壁と電気的に接続し貫通施工した

問題6-3

単相100（V）の屋内配線工事における絶縁電線相互の接続で、不適切なものは。

（平成23年、平成26年、令和4年）

- **イ.** 絶縁電線の絶縁物と同等以上の絶縁効果のあるもので十分被覆した
- **ロ.** 電線の引張り強さが15（％）減少した
- **ハ.** 終端部を圧着接続するのにリングスリーブE形を使用した
- **ニ.** 電線の電気抵抗が10（％）増加した

解答

問題6-1 ニ　　**問題6-2** ハ　　**問題6-3** ニ

問題6-4

600Vビニル絶縁ビニルシースケーブル平形1.6(mm)を使用した低圧屋内配線工事で、絶縁電線相互の終端接続部分の絶縁処理として、不適切なものは。ただし、ビニルテープはJISに定める厚さ0.2(mm)の絶縁テープとする。

(平成28年、令和4年、令和5年)

イ. リングスリーブにより接続し、接続部分をビニルテープで半幅以上重ねて1回(2層)巻いた

ロ. リングスリーブにより接続し、接続部分を黒色粘着性ポリエチレン絶縁テープ(厚さ0.5mm)で半幅以上重ねて2回(4層)巻いた

ハ. リングスリーブにより接続し、接続部分を自己融着性テープ(厚さ0.5mm)で半幅以上重ねて1回(2層)巻き、さらに保護テープ(厚さ0.2mm)を半幅以上重ねて1回(2層)巻いた

ニ. 差込形コネクタにより接続し、接続部分をテープで巻かなかった

問題6-5

ケーブル工事による低圧屋内配線で、ケーブルがガス管と接近する場合の工事方法として、「電気設備技術基準の解釈」にはどのように記述されているか。

(平成23年)

イ. ガス管と接触しないように施設すること

ロ. ガス管と接触してもよい

ハ. ガス管との離隔距離を10(cm)以上とすること

ニ. ガス管との離隔距離を30(cm)以上とすること

6

接地工事に関する問題

問題6-6

機械器具の金属製外箱に施すD種接地工事に関する記述で、不適切なものは。

(平成22年、令和4年、令和5年)

イ. 三相200(V)電動機外箱の接地線に直径1.6(mm)のIV電線を使用した

ロ. 単相100(V)移動式の電気ドリル(一重絶縁)の接地線として多心コードの断面積0.75(mm²)の1心を使用した

ハ. 一次側200(V)、二次側100(V)、3(KV・A)の絶縁変圧器(二次側非接地)の二次側電路に電動丸のこぎりを接続し、接地を施さないで使用した

ニ. 単相100(V)の電動機を水気のある場所に設置し、定格感度電流15(mA)、動作時間0.1秒の電流動作型漏電遮断器を取り付けたので、接地工事を省略した

解答
問題6-4 イ   問題6-5 イ   問題6-6 ニ

問題 6-7

D種接地工事を省略できないものは。ただし、電路には定格感度電流 30 (mA)、動作時間 0.1 秒の漏電遮断器が取り付けられているものとする。

(平成 23 年、令和 3 年、令和 4 年)

イ．乾燥した場所に施設する三相 200 (V) 動力配線の電線を収めた長さ 4 (m) の金属管

ロ．乾燥したコンクリートの床に施設する三相 200 (V) ルームエアコンの金属製外箱部分

ハ．乾燥した木製の床の上で取り扱うように施設する三相 200 (V) 誘電電動機の鉄台

ニ．乾燥した場所に施設する単相 3 線式 100/200 (V) 配線の電線を収めた長さ 8 (m) の金属管

金属管工事、金属製可とう電線管工事に関する問題

問題 6-8

簡易接触防護措置を施した (人が容易に触れる恐れのない) 乾燥した場所に施設する低圧屋内配線工事で、D種接地工事を省略できないものは。

(平成 16 年、平成 25 年)

イ．三相 3 線式 200 (V) 合成樹脂管工事に使用する金属性ボックス

ロ．単相 100 (V) の埋込形蛍光灯器具の金属部分

ハ．単相 100 (V) の電動機の鉄台

ニ．三相 3 線式 200 (V) の金属管工事で、電線を収める管の全長が 10 (m) の金属管

問題 6-9

金属管工事による低圧屋内配線の施工方法として、不適切なものは。

(平成 22 年)

イ．太さ 25 (mm) の薄鋼電線管に断面積 8 (mm^2) の 600V ビニル絶縁電線を 3 本引き入れた

ロ．ボックスの配管でノーマルベンドを使った屈曲箇所を 2 箇所設けた

ハ．薄鋼電線管とアウトレットボックスとの接続部にロックナットを使用した

ニ．太さ 25 (mm) の薄鋼電線管相互の接続にコンビネーションカップリングを使用した

問題 6-10

低圧屋内配線の金属製可とう電線管 (2 種金属製可とう電線管) 工事で不適切なものは。

(平成 27 年、平成 28 年)

イ．管とボックスの接続にストレートボックスコネクタを使用した

ロ．管の内側の曲げ半径を管の内径の 6 倍以上とした

ハ．管内に屋外用ビニル絶縁電線 (OW) を収めた

ニ．管と金属管 (鋼製電線管) との接続にコンビネーションカップリングを使用した

解答

| 問題 6-7 | ロ | 問題 6-8 | ニ | 問題 6-9 | ニ | 問題 6-10 | ハ |

問題6-11

金属管工事で、ねじなし電線管の切断および曲げ作業に使用する工具の組合せとして、適切なものは。

（平成22年、平成24年）

イ.	やすり	パイプレンチ	パイプベンダ
ロ.	リーマ	パイプレンチ	ジャンピング
ハ.	リーマ	金切りのこ	リード型ねじ切り器
ニ.	やすり	金切りのこ	パイプベンダ

問題6-12

電線を電磁的不平衡が生じないように金属管に挿入する方法として、適切なものは。

（平成14年、平成28年、令和元年）

合成樹脂管工事／ケーブル工事／がいし引き工事に関する問題

問題6-13

低圧屋内配線で、600Vビニル絶縁ビニルシースケーブルを用いたケーブル工事の施工方法として、適切なものは。

（平成20年）

イ. 接触防護措置を施した場所で、造営材の側面に沿って垂直に取り付け、その支持点間を6（m）とした

ロ. 丸形ケーブルを、屈曲部の内側の半径をケーブルの外径の3倍にして曲げた

ハ. 建物のコンクリート壁の中に直接埋設した（臨時配線工事の場合を除く）

ニ. 金属製遮へい層のない電話用弱電流電線とともに同一の合成樹脂管に収めた

問題6-14

硬質塩化ビニル電線管による合成樹脂管工事として、不適切なものは。

（平成23年、平成27年）

イ. 管相互および管とボックスとの接続で、接着剤を使用したので管の差込深さを管の外径の0.5倍とした

ロ. 管の直線部分はサドルを使用し、管を1（m）間隔で支持した

ハ. 湿気の多い場所に施設した管とボックスとの接続箇所に、防湿装置を施した

ニ. 三相200（V）配線で、接触防護措置が施されている場所に施設した管と接続する金属製プルボックスに、D種接地工事を施した

解答
問題6-11 ニ　　**問題6-12** ロ　　**問題6-13** イ　　**問題6-14** イ

問題6-15
合成樹脂管工事で、施工できない
場所は。

(平成17年)

イ．一般住宅の湿気の多い場所
ロ．看板灯に至る屋側配線部分
ハ．事務所内の点検できない隠ぺい場所
ニ．爆燃性粉じんの多い場所

問題6-16
硬質塩化ビニル電線管を切断し、
その切断箇所にTSカップリング
を使用して管相互を接続する場
合、工具および材料の使用順とし
て、もっとも適切なものは。

(平成14年、平成21年)

イ．金切りのこ→ウエス（布）→接着剤→TSカップ
リング（挿入）
ロ．金切りのこ→接着剤→TSカップリング（挿入）
→ウエス（布）
ハ．金切りのこ→面取器→TSカップリング（挿入）
→接着剤→ウエス（布）
ニ．金切りのこ→面取器→ウエス（布）→接着剤
→TSカップリング（挿入）

問題6-17
単相3線式100/200V屋内配線工事
で、不適切な工事方法は。ただし、
使用する電線は600Vビニル絶縁
電線、直径1.6（mm）とする。

(平成25年、平成27年)

イ．同じ径の硬質塩化ビニル電線管（VE）2本をTS
カップリングで接続した
ロ．合成樹脂製可とう電線管（PF管）内に、電線の
接続点を設けた
ハ．合成樹脂製可とう電線管（CD管）を直接コンク
リートに埋めこんで施設した
ニ．金属管を点検できない隠ぺい場所で使用した

金属線ぴ工事／各種ダクト工事／その他の工事に関する問題

問題6-18
使用電圧300（V）以下の低圧屋内
配線の工事方法として、不適切な
ものは。

(平成24年、平成28年)

イ．金属製可とう電線管工事で、より線（600Vビニ
ル絶縁電線）を用いて、管内に接続部分を設け
ないで収めた
ロ．ライティングダクト工事で、ダクトの開口部を
上に向けて施設した
ハ．フロアダクト工事で、電線を分岐する場合、接
続部分に十分な絶縁被覆を施し、かつ、接続部
分を容易に点検できるようにして接続箱（ジャ
ンクションボックス）に収めた
ニ．金属ダクト工事で、電線を分岐する場合、接続
部分に十分な絶縁被覆を施し、かつ、接続部分
を容易に点検できるようにしてダクトに収めた

解答

190　問題6-15 ニ　　問題6-16 ニ　　問題6-17 ロ　　問題6-18 ロ

問題6-19

使用電圧100（V）の低圧屋内配線工事で、不適切なものは。

（平成17年、平成25年）

- イ．ケーブル工事で、ビニル外装ケーブルとガス管が接触しないように施設した
- ロ．フロアダクト工事で、ダクトの長さが短いのでD種接地工事を省略した
- ハ．金属管工事で、ワイヤラス張りの貫通箇所のワイヤラスを十分に切り開き、貫通部分の金属管を合成樹脂管に収めた
- ニ．合成樹脂管工事で、その管の支持点間の距離を1.5（m）とした

問題6-20

100（V）の低圧屋内配線に、ビニル平形コード（断面積0.75mm²）を絶縁性のある造営材に適当な留め具で取り付けて施設することができる場所または箇所は。

（平成22年、平成27年）

- イ．乾燥した場所に施設し、かつ、内部を乾燥状態で使用するショウウインドー内の外部から見えやすい場所
- ロ．木造住宅の人の触れるおそれのない点検できる押入れの壁面
- ハ．木造住宅の人の触れるおそれのない点検できる天井裏
- ニ．乾燥状態で使用する台所の床下収納庫

問題6-21

石油類を貯蔵する場所における低圧屋内配線の工事の種類で、不適切なものは。

（平成24年）

- イ．損傷を受ける恐れのないように施設した合成樹脂管工事（厚さ2mm未満の合成樹脂製可とう電線管およびCD管を除く）
- ロ．薄鋼電線管を使用した金属管工事
- ハ．MIケーブルを使用したケーブル工事
- ニ．600V架橋ポリエチレン絶縁ビニルシースケーブルを防護装置に収めないで使用したケーブル工事

問題6-22

屋内の管灯回路の使用電圧が1000（V）を超えるネオン放電灯工事として不適切なものは。ただし、簡易接触防護装置が施してあるものとする。

（平成25年、平成26年）

- イ．ネオン変圧器への100（V）電源回路は、専用回路とし、20（A）配線用遮断器を設置した
- ロ．ネオン変圧器の二次側（管灯回路）の配線を、点検できない隠ぺい場所に施設した
- ハ．ネオン変圧器の金属製外箱にD種接地工事を施した
- ニ．ネオン変圧器の二次側（管灯回路）の配線を、ネオン電線を使用し、がいし引き工事により施設し、電線の支持点間の距離を1（m）とした

解答

問題6-19 ロ　　問題6-20 イ　　問題6-21 ニ　　問題6-22 ロ

解 答 ・ 解 説

解答6-1
ニ

イ.金属管工事、ロ.合成樹脂管工事、ハ.ケーブル工事は、どこでもできる工事です。ニ.金属線ぴ工事は湿気の多い場所では施設できません。

解答6-2
ハ

木造建物の**メタルラス張り**、**ワイヤラス張り**、**金属板張り**の壁にケーブル、金属管を貫通させる場合は、メタルラス、ワイヤラスや金属板などに漏電しないように**十分切り開いて**、また金属管などは**絶縁管等に収めて**絶縁しなければなりません。

解答6-3
ニ

電技解釈第12条に「**電線相互を接続するときは、電線の電気抵抗は増加させない**」と規定されています。電線の引張強さは20（%）以上減少させてはならないので、15（%）はOKです。

解答6-4
イ

600V絶縁ビニルシースケーブル平形1.6mmの絶縁被覆の厚さは**0.8mm**なので、絶縁テープ0.2mmで巻くと、0.8÷0.2＝4から**4層以上**巻かないとケーブルの絶縁と同等以上の効果はありません。したがってイが不適切です。

解答6-5
イ

「**弱電流電線等との接近交差**」（電技解釈 **第167条**）では、弱電流電線（電話線や小勢力回路の電線など）、水管やガス管がある場合は、**接触しないように施設する必要がある**と規定されています。

解答6-6
ニ

水気のある場所では、漏電遮断器を施設しても接地工事を省略することはできません。

解答6-7
ロ

以下の場合は、D種接地工事を省略できます。

- 使用電圧300V以下で乾燥した木製の床の場合
- 乾燥した場所で4m以下の金属管の場合
- 対地電圧150V以下で8m以下の金属管の場合

なお、乾燥したコンクリートの上は絶縁性のものとはみなされません。

解答6-8
ニ

三相式3線200Vの対地電圧は**200V**なのでD種接地工事をする必要があります。省略できるのは、**管の長さが4m以下の場合**か、**対地電圧が150Vで8mまでの場合**です。

解答6-9 ニ	**コンビネーションカップリング**は「薄鋼電線管」と「金属製可とう電線管」を接続するものです。薄鋼電線管相互の接続には**カップリング**を使用します。

解答6-10 ハ	屋外用絶縁電線（OW）を電線管に収めて使用することはできません。

解答6-11 ニ	手順は、1. 金切りのこで電線管を切断し、2. やすりで切断面を仕上げます。曲げ加工には**パイプベンダ**を使用します。

解答6-12 ロ	電線を金属管に収める際、**回路が同じ電線はすべて同じ金属管内**に収めます。

解答6-13 イ	ロのケーブルの内側の曲げ半径は「**ケーブルの外径の6倍以上**」です。ケーブルをコンクリートに直接埋め込むことはできません。埋め込むときは、金属管などに収めて施設します。弱電流電線（電話線や小勢力回路の電線など）、水管やガス管がある場合は、接触しないように施設する必要があります。

解答6-14 イ	硬質塩化ビニル電線管相互を直接接続する場合、接着剤を使用するときは、管の差込の深さは管の外径の0.8倍以上にする必要があります。

解答6-15 ニ	爆燃性粉じんの存在する場所でできる工事は、金属管工事またはケーブル工事です。

解答6-16 ニ	手順は次のとおりです。 1．金切りのこで電線管を切断する 2．面取器で電線管の内側と外側の角を削り取る 3．ウエスで接続箇所の切り粉やほこりを拭き取る 4．TSカップリングの内側と接続する電線管の外側に接着剤を塗る 5．管を差し込む

解答6-17 ロ	合成樹脂製可とう電線管内では、**電線に接続点を設けてはいけません**。電線の接続はボックス内で行います。

解答 6-18

ロ

ライティングダクトの開口部は下向きにして施設する必要があります。

解答 6-19

ロ

フロアダクト工事ではD種接地工事を施さなくてはなりません。ダクトが短い場合でも省略できません。

解答 6-20

イ

乾燥した場所に施設し、内部を乾燥した状態で使用する**ショウウインドーやショウケース**内の使用電圧が**300V 以下**の配線は、コード・キャブタイヤケーブルを造営材に接触して施設することができます。通常、コードは安全度が劣るため一般配線工事では認められていませんが、**ショウウインドーは例外**です。

解答 6-21

ニ

石油類の貯蔵場所でのケーブル工事は、金属管やその他の防護装置に収めて施設する必要があります。MI ケーブルは使用温度が**250℃**なので防護装置は不要です。

解答 6-22

ロ

管灯回路の配線は、展開した場所または点検できる隠ぺい場所に施設する必要があります。

第 **7** 章

検査の手順と必要な測定器を覚えよう！

一般電気工作物の検査

第7章
01 竣工検査と抵抗の測定

本章では、電気工作物の**検査の手順**や**検査に必要な測定器具**について見ていきます。検査の手順と測定方法を理解してください。試験では毎年、本章の範囲から3～4問が出題されています。

竣工検査とは

電気工作物を新設、または変更する際は、法令に基づいて「その電気工作物が適切に施設されているか」「感電・漏電・火災などの災害の発生の恐れがないか」などを検査します。法令に基づいた検査には 竣 工検査と定期検査があります。

🏠 検査の種類

種類	説明
竣工検査	電気工作物の新設、増設、改築などの完成時に行う検査
定期検査	使用中の電気工作物が引き続き安全に使用できるかを調べる検査。この検査は4年に1回、電力会社や電気保安協会が行う

竣工検査の手順

竣工検査の手順は次のとおりです。ただし、(ⅱ)絶縁抵抗測定と(ⅲ)接地抵抗測定は、どちらを先に行ってもかまいません。

- （ⅰ）目視点検　　：配線図どおりに電気設備（配線器具）が施工設置されているかを目視で点検します。
- （ⅱ）絶縁抵抗測定：絶縁抵抗計を使い、絶縁抵抗値が定められた値を確保しているかを確認します。
- （ⅲ）接地抵抗測定：接地抵抗計を使い、接地抵抗値が定められた値を確保しているかを確認します。
- （ⅳ）導通試験　　：回路計を使い、配線が正しく施設されているかを検査します。

重要! 竣工検査の手順はとても重要です。必ず覚えておいてください。

 ## 絶縁抵抗の測定

　屋内配線や電気機器の絶縁がきちんとできていないと、漏電や感電の原因になります。そのため、絶縁抵抗計（メガー）を用いて**絶縁抵抗値**を測定します。

　絶縁抵抗とは、**電路と大地間、あるいは電路の電線相互間の電気抵抗のこと**です。測定方法は決められています。また、測定には**直流500Vまたは250V**の絶縁抵抗計を使用するのが一般的です。

窓部分に単位「MΩ」が表記
されているのが目印です。

7

絶縁抵抗計（メガー）

電路と大地間の絶縁抵抗の測定方法

　屋内配線の電路と大地間の絶縁抵抗は、次のように測定します。

（ⅰ）分岐回路（配線用遮断器）を切る（OFFにする）

（ⅱ）スイッチを閉じる（ONにする）

（ⅲ）電球は接続したままにする

（ⅳ）電気機器はコンセントに接続したままにする

（ⅴ）次の図のように、電圧側と接地側を短絡し、絶縁抵抗計のライン端子Lとつなぐ。アース端子Eは接地極とつなぐ

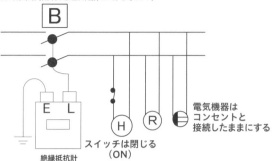

🔵 電路の電線相互間の絶縁抵抗の測定方法

屋内配線の電線相互間の絶縁抵抗は、次のように測定します。

（ⅰ）分岐回路（配線用遮断器）を切る（OFFにする）

（ⅱ）スイッチは閉じる（ONにする）

（ⅲ）電球は取り外す

（ⅳ）電気機器はコンセントから外す

（ⅴ）下図のように、絶縁抵抗計のライン端子Ｌとアース端子Ｅを、電圧側と接地側の電路
とつなぐ

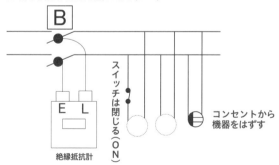

絶縁抵抗値

電気設備技術基準では、低圧屋内配線の絶縁抵抗値を次のように定めています。

低圧屋内配線の絶縁抵抗値

電路の使用線圧の区分		絶縁抵抗値
300V 以下	対地電圧150V 以下	0.1MΩ以上
	その他の区分	0.2MΩ以上
300V を超えるもの		0.4MΩ以上

なお、停電などによって**絶縁抵抗を測定できない場合**、低圧電路の漏えい電流は、**1mA以下を保つこと**と規定されています（電技解釈 第14条）。

> 重要！ 使用線圧の区分と、それぞれの絶縁抵抗値は必ず覚えておいてください。試験でもよく出題されます。また測定方法も頭に入れてください。

7

接地抵抗の測定

接地工事では、接地極を大地とつなぎます。接地工事を行っておけば、万が一漏電が起こった場合でも、漏れ電流を大地に逃がすことができるので危険を未然に防げます。**接地抵抗**とは、**接地極と大地間の電気抵抗**です。測定には**接地抵抗計（アーステスタ）**を使用します。

接地抵抗計（アーステスタ）

📍 接地抵抗の測定方法

接地抵抗計には、**補助接地棒2本**と**接続用電線3本**が付属しています（前ページの写真を参照）。これらを次の図のように配置して測定します。

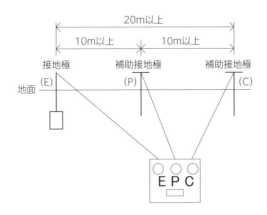

- 接地抵抗を測定する接地極を、**E端子**につなぐ
- 補助接地棒を補助接地極として、**P端子**、**C端子**につなぐ
- 接地極E、補助接地極P、補助接地極Cは**10m以上**距離を置き、**一直線上に配置**する

📍 接地抵抗値

電気設備技術基準の解釈（電技解釈）では、低圧屋内配線の接地抵抗値を次のように定めています。

接地工事の種類		接地抵抗値	接地線の太さ
C種接地工事	10 Ω以下	地絡を生じた場合に、0.5秒以内に自動的に電路を遮断する装置を施設した場合は500 Ω以下	1.6mm以上
D種接地工事	100 Ω以下		

※接地工事の詳細については p.165 を参照してください。

 接地抵抗の測定方法と接地抵抗値は必ず覚えておいてください。試験でもよく出題されます。

第7章
02 測定器の種類と使い方

　検査用の測定器には、先述した**絶縁抵抗計（メガー）**、**接地抵抗計（アーステスタ）** の他に、次のものがあります。ここで紹介する検査用測定器もよく出題されるので、併せて覚えておいてください。

> メモ... 電圧、電流、電力、力率といった電気の基礎理論については、p.238で詳しく解説しています。もし、これらの基礎理論の理解に不安な点がある場合は先に基礎理論を読んでから本章に戻ってきてもかまいません。

🏠 電圧計・電流計・電力計

　電圧計、電流計、電力計はそれぞれ、その名のとおり、電圧、電流、電力を測定する際に使用する機器です。

電圧計（V）　　　　　　電流計（A）　　　　　　電力計（W）

　電圧を測定するときは、電圧計を**負荷と並列**に接続します。また、電流を測定するときは、電流計を**負荷と直列**に接続します。

　電力を測定するときは、電力計の「電圧コイルを負荷と**並列**」「電流コイルを負荷と**直列**」に接続します。

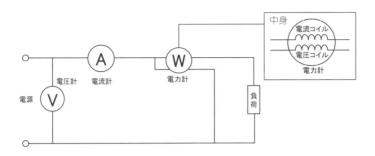

重要！　上図の Ⓥ・Ⓐ・Ⓦ の位置をしっかりと覚えておいてください。

 力率の測定

力率は、電圧計・電流計・電力計の測定値をもとにした次の計算式から求めることができます。

$$力率(\cos \theta) = \frac{電力(W)}{電圧(V) \times 電流(A)}$$

なお、この計算式についてはp.264で詳しく解説します。

倍率器・分流器・変流器

倍率器、分流器、変流器はいずれも、**大きな電圧や電流を測る**ときに使用します。

■ 倍率器・分流器・変流器

機器	説明
倍率器	倍率器は、電圧計と直列に接続して測定範囲を拡大する。倍率器の抵抗を電圧計の内部抵抗のn倍にすると、測定できる電圧は(n + 1)倍になる
分流器	分流器は、電流計と並列に接続して測定範囲を拡大する。分流器の抵抗を電流計の内部抵抗の1/n倍にすると、測定できる電流は(n + 1)倍になる
変流器	変流器は、電流計と組み合わせて大きな電流を測定する。なお、変流器の使用中に電流計を取り外す場合は、先に2次側を短絡する。先に電流計を外すと、2次側に高い電圧が生じるため危険

これらの機器については「大きな電流を測るときに使用する」ということと、電圧計や電流計とのつなぎ方を押さえておけば大丈夫です。

クランプ形電流計（クランプメータ）

クランプ形電流計（クランプメータ）は、電流計と変流器が一体となった測定器です。**線路電流（負荷電流）**と**漏れ電流（零相電流）**を測定できます。通電中のまま測定できるので、屋内配線の点検でよく使用されます。

クランプ形電流計（クランプメータ）

線路電流（負荷電流）の測定

　線路電流を測定する際は、測定したい電線1本をクランプメータに通して測定します。

漏れ電流（零相電流）の測定

　漏れ電流を測定する際は、**一回路すべての電線**をクランプメータに通して測定します（単相2線式では2本、単相3線式では3本通します）。

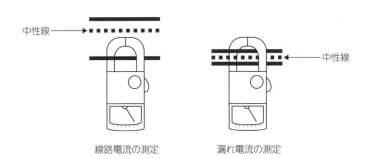

線路電流の測定　　　　漏れ電流の測定

クランプ形電流計については、何を覚えておく必要がありますか？

 上記のクランプ形電流計の図はよく出題されています。それぞれの測定方法を図で覚えておきましょう！

その他のさまざまな測定器

ネオン検電器

　ネオン検電器は、**電路が充電されているか否かを調べる機器**です（電圧は測定できませんが、充電は確認できます）。電路が充電された状態で工事を行うと感電する恐れがあるので、ネオン検電器で確認します。非接地側電線にネオン検電器の先端を当てると、ネオンランプが発光して充電の有無を知らせます。

回路計（テスタ）

　回路計は、**直流の電圧・電流、交流の電圧・抵抗などを測定する機器**です。屋内配線の点検では**断線の有無や導通**（電気的につながっていること＝電気を流すことができること）を調べるのに使用します。

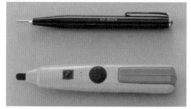

ネオン検電器

回路計（テスタ）

検相器

　検相器は、**三相回路の相順（R・S・T相の順序）を調べる機器**です。回転方向を表示するタイプ（左図）とランプで表示するタイプ（右図）の2種類があります。

回転方向を表示するタイプ　　　　ランプで表示するタイプ

📍 照度計・周波数計・電力量計

　照度計は、**照度(明るさ)を測定する機器**です。目盛盤に単位「**LUX**」の表示があります。

　周波数計は、**周波数を測定する機器**です。目盛盤に単位「**Hz**」の表示があります。また、電力量計は、その名のとおり、**電力量を測定する機器**です。

照度計　　　　　　　　周波数計　　　　　　　電力量計

測定器の動作原理と記号

　測定器の**目盛盤**には用途や使用方法が記されています。次の図は電流計の目盛盤です。

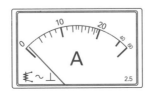

　目盛盤の中央には、この機器が電流計であることを示す「A」の文字が記されています。また、左下部に次の記号が印字されています。これらはそれぞれ「計器の動作原理」「交流・直流の区別」「使用法」を表しています。

計器の左下部に印字されている記号

 試験では、それぞれの記号の意味が問われるので、ここでまとめて紹介していきます。

📍 計器の動作原理

　測定器の動作原理の主なものは次のような記号で表されます。

🔋 計器の動作原理を表す記号

種類	記号	使用回路	動作原理
可動コイル形	∩	直流	可動コイルに流れる電流と永久磁石の磁界のトルクを利用した計器
可動鉄片形	≶	交流（直流）	可動鉄片と固定コイル磁界との磁気誘導作用を利用した計器
整流形	▶	交流	可動コイル形計器と整流素子を組み合わせた計器
誘導形	◎	交流	固定コイル磁界とうず電流を利用した計器

 重要! この表に関しては、種類、記号、使用回路を暗記してください。動作原理は解説の補足として記載していますが、この内容が試験で問われることはありません。

📍 交流・直流の区別

　それぞれの計器が、直流で動くのか、交流で動くのか、または両方で動くのかを表す記号です。

| 直流 | 交流 | 直流・交流 | 三相交流 |

置き方

　水平に置くのか、垂直に置くのか、または傾けて置いて使用するのかを表す記号です。

| 鉛直（垂直） | 水平 | 傾斜（例：60°） |

　以上のことから、先述の電流計の目盛盤（p.205）の表示が「**可動鉄片形の原理で動く電流計で、交流で垂直に置いて使用する**」ことを表していることがわかります。なお、いっしょに書かれている数字「2.5」は計器の階級（精度）を表しています。

7

これで一般電気工作物の検査の話は終わりです。暗記しなければならないことがいくつかありますが、全体的には比較的シンプルな内容だったと思います。後は次ページから掲載している過去問を解きながら、1つずつ覚えていってください。

ココが出る！精選過去問題 & 完全解答

一般電気工作物の検査に関する問題

問題 7-1
導通試験の目的として、誤っているものは。

（平成24年、平成28年、令和2年）

イ．充電の有無を確認する
ロ．器具への結線の未接続を発見する
ハ．回路の接続の正誤を判別する
ニ．電線の断線を発見する

問題 7-2
一般用電気工作物の低圧屋内配線工事が完了したときの検査で、一般に行われていないものは。

（平成25年、平成28年）

イ．絶縁耐力試験
ロ．接地抵抗の測定
ハ．絶縁抵抗の測定
ニ．目視点検

問題 7-3
低圧屋内配線の竣工検査で、一般に行われている組合せとして、正しいものは。

（平成16年、平成27年）

イ．目視点検／絶縁抵抗測定／接地抵抗測定／負荷電流測定
ロ．目視点検／導通試験／絶縁耐力測定／温度上昇試験
ハ．目視点検／導通試験／絶縁抵抗測定／接地抵抗測定
ニ．目視点検／導通試験／絶縁抵抗測定／絶縁耐力測定

問題 7-4
分岐開閉器を開放して負荷を電源から完全に分離し、その負荷側の低圧屋内電路と大地間の絶縁抵抗を一括測定する方法として適切なものは。

（平成24年、平成28年、令和元年）

イ．負荷側の点滅器をすべて「切」にして、常時配線に接続されている負荷は、使用状態にしたままで測定する
ロ．負荷側の点滅器をすべて「入」にして、常時配線に接続されている負荷は、使用状態にしたままで測定する
ハ．負荷側の点滅器をすべて「切」にして、常時配線に接続されている負荷は、すべて取り外して測定する
ニ．負荷側の点滅器をすべて「入」にして、常時配線に接続されている負荷は、すべて取り外して測定する

解答

問題 7-1　イ　　　問題 7-2　イ　　　問題 7-3　ハ　　　問題 7-4　ロ

問題7-5

単相3線式100/200Vの屋内配線において、開閉器または過電流遮断器で区切ることができる電路ごとの絶縁抵抗値の最小値として、「電気設備に関する技術基準を定める省令」に規定されている値（MΩ）の組合せで正しいものは。

（平成22年、平成25年、令和2年、令和4年）

イ.	電路と大地間	0.2
	電線相互間	0.4
ロ.	電路と大地間	0.2
	電線相互間	0.2
ハ.	電路と大地間	0.1
	電線相互間	0.2
ニ.	電路と大地間	0.1
	電線相互間	0.1

問題7-6

直読式接地抵抗計を用いて、接地抵抗を測定する場合、被測定接地極Eに対する、2つの補助接地極P（電圧用）およびC（電流用）の配置として、最も適切なものは。

（平成25年、平成27年、令和4年）

イ. 　　　ロ.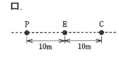

ハ. 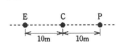　　　ニ.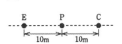

問題7-7

交流回路で単相負荷の力率を求める場合、必要な測定器の組合せとして、正しいものは。

（平成21年、平成25年）

イ.	電圧計	回路計	周波数計
ロ.	電圧計	周波数計	漏れ電流計
ハ.	電圧計	電流計	電力計
ニ.	周波数計	電流計	回路計

問題7-8

使用電圧100（V）の低圧電路に地絡が生じた場合0.1秒で自動的に電路を遮断する装置が施してある。この電路の屋外にD種接地工事が必要な自動販売機がある。その接地抵抗値a（Ω）と電路の絶縁抵抗値b（MΩ）の組合せとして、「電気設備に関する技術基準を定める省令」および「電気設備の技術基準の解釈」に適合していないものは。

（平成26年、令和6年）

イ.	a: 100	b: 0.1
ロ.	a: 200	b: 0.3
ハ.	a: 500	b: 0.5
ニ.	a: 600	b: 1.0

7

解 答

問題7-5 ニ　　　問題7-6 ニ　　　問題7-7 ハ　　　問題7-8 ニ

問題7-9

図の交流回路は、負荷の電圧、電流、電力を測定する回路である。図中に@, ⓑ, ⓒで示す計器の組合せとして、正しいものは。

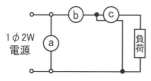

（平成22年、平成29年、令和元年、令和4年）

イ. a: 電流計　　b: 電圧計　　c: 電力計
ロ. a: 電力計　　b: 電流計　　c: 電圧計
ハ. a: 電力計　　b: 電圧計　　c: 電流計
ニ. a: 電圧計　　b: 電流計　　c: 電力計

問題7-10

単相3線式回路の漏れ電流計を用いて測定する場合の測定方法として、正しいものは。

ただし ▪▪▪▪▪ は、中性線を示す。

（平成24年、平成27年、令和元年、令和4年）

イ.　　　　**ロ.**　　　　**ハ.**　　　　**ニ.**

問題7-11

ネオン式検電器を使用する目的は。

（平成23年、平成28年、令和4年）

イ. ネオン放電灯の照度を測定する
ロ. ネオン管灯回路の導通を調べる
ハ. 電路の充電の有無を確認する
ニ. 電路の漏れ電流を測定する

問題7-12

一般に使用する回路計（テスタ）によって測定できないものは。

（平成23年、平成26年）

イ. 交流電圧
ロ. 回路抵抗
ハ. 漏れ電流
ニ. 直流電流

問題7-13

測定器の用途に関する記述として、誤っているものは。

（平成24年、平成27年）

イ. クランプ形電流計で負荷電流を測定する
ロ. 回路計で導通試験を行う
ハ. 回転計で電動機の回転速度を測定する
ニ. 検電器で三相交流の相順（相回転）を調べる

問題7-14

低圧電路で使用する測定器とその用途の組合せとして、正しいものは。

（平成25年、令和3年）

イ. 検電器と電路の充電の有無の確認
ロ. 検相器と電動機の回転速度の測定
ハ. 回路計と絶縁抵抗の測定
ニ. 回転計と三相回路の相順（相回転）の確認

解答

問題7-15

変流器（CT）の用途として、正しいものは。

（平成25年）

イ. 交流を直流に変える
ロ. 交流の周波数を変える
ハ. 交流電圧計の測定範囲を拡大する
ニ. 交流電流計の測定範囲を拡大する

問題7-16

写真に示す測定器の名称は。

（平成25年、平成29年）

イ. 回路計
ロ. 周波数計
ハ. 接地抵抗計
ニ. 照度計

問題7-17

写真に示す測定器の名称は。

（平成25年、令和3年）

イ. 絶縁抵抗計
ロ. 漏れ電流計
ハ. 接地抵抗計
ニ. 検相器

問題7-18

計器の目盛板に図のような表示記号があった。この計器の動作原理を示す種類と測定できる回路で、正しいものは。

（平成24年）

イ. 誘導形で交流回路に用いる
ロ. 電流形で交流回路に用いる
ハ. 整流形で直流回路に用いる
ニ. 熱電形で直流回路に用いる

解答
問題7-15 ニ　　問題7-16 ニ　　問題7-17 イ　　問題7-18 イ

問題 7-19

電気計器の目盛板に図のような記号があった。記号の意味として、正しいものは。

（平成23年）

イ. 誘導形で目盛板を水平に置いて使用する
ロ. 整流形で目盛板を鉛直に立てて使用する
ハ. 可動鉄片形で目盛板を鉛直に立てて使用する
ニ. 可動鉄片形で目盛板を水平に置いて使用する

問題 7-20

絶縁抵抗計(電池内蔵)に関する記述として、誤っているものは。

（平成26年、令和3年）

イ. 絶縁抵抗計には、ディジタル形と指針形(アナログ形)がある
ロ. 絶縁抵抗計の定格測定電圧(出力電圧)は、交流電圧である
ハ. 絶縁抵抗測定の前には、絶縁抵抗計の電池容量が正常であることを確認する
ニ. 電子機器が接続された回路の絶縁測定を行う場合は、機器を損傷させない適正な定格測定電圧を選定する

問題 7-21

三相誘導電動機の回転方向を確認するため、三相交流の相順(相回転)を調べるものは。

（平成22年、平成26年）

イ. 回転計
ロ. 検相器
ハ. 検流計
ニ. 回路計

解 答 ・ 解 説

解答 7-1
イ

導通試験の目的は、回路計を使用して、器具への結線の未接続を発見すること、回路の接続の正誤を判別すること、また電線の断線を発見することです。

解答 7-2
イ

一般用電気工作物の竣工時の検査(**竣工検査**)の手順は、**目視点検→絶縁抵抗の測定→接地抵抗の測定→導通試験**の順で行います。

解答 7-3
ハ

竣工検査では、負荷電流測定、温度上昇試験、絶縁耐力試験は行いません。

解答

問題7-19 ハ　　**問題7-20** ロ　　**問題7-21** ロ

解答7-4

ロ

低圧屋内電路と大地間の絶縁抵抗を一括測定するときは、負荷側の点滅器をすべて「**入**」にして、常時配線に接続されている負荷は使用状態にしたままで測定します。絶縁抵抗計は電圧側と接地側を短絡して**ライン端子L**とつなぎ、アース端子Eは**接地極**とつなぎます。

解答7-5

ニ

対地電圧は150V以下なので、電路と大地間および電線相互間の絶縁抵抗値はいずれも **0.1 (MΩ) 以上**で規定を満たします。

解答7-6

ニ

直読式接地抵抗計の接続は、ニの図のようにE端子に被測定接地極、P端子に補助接地極(電圧用)Pを、C端子に補助接地極(電流用)Cをそれぞれ接続して測定します。

解答7-7

ハ

単相交流負荷の力率 $\cos\theta = \dfrac{電力(W)}{電圧(V) \times 電流(A)}$ です。したがって、電力(W)と電圧(V)、電流(A)がわかれば計算できます。

解答7-8

ニ

D種接地工事で0.1秒で動作する漏電遮断器を取り付けると、接地抵抗値は **500 (Ω) 以下**になります。また、対地電圧は 150 (V) 以下ですので、絶縁抵抗値は0.1 (MΩ) 以上となります。したがって、ニが適合しません。

解答7-9

ニ

電流計 Ⓐ は**負荷と直列**に、電圧計 Ⓥ は**負荷と並列**に接続します。電力計 Ⓦ は「電流コイルを負荷と直列」「電圧コイルを負荷と並列」に接続します。

解答7-10

ニ

クランプ形電流計では、漏れ電流の測定は**一回路すべての電線をクランプメータに通して測定**します(単相2線式は2本、単相3線式は3本通します)。

解答7-11

ハ

ネオン検電器の先端を電路の充電部分に接触すると、内蔵されたネオンランプが点灯し、**充電の有無**を知ることができます。

解答7-12

ハ

回路計では漏れ電流は測定できません。測定できるのは、交流電圧・直流電圧・抵抗・直流電流です。漏れ電流は**クランプ形電流計**で測定します。

7

解答 7-13

ニ

検電器は**電路の充電の有無**を調べます。相順を調べる機器は**検相器**です。

解答 7-14

イ

ロの検相器は三相回路の相順（相回転）の確認、ハの回路計は電動機の電圧と抵抗を測定、ニの回転計は電動機の回転速度の測定をします。

解答 7-15

ニ

変流器は、電流計と組み合わせることで大きな電流を測定する機器です。

解答 7-16

ニ

写真の測定器は**照度計**です。目盛板に照度の単位 **LUX** の表示があります。

解答 7-17

イ

写真の測定器は**絶縁抵抗計**です。目盛板に絶縁抵抗の単位 **M Ω**の表示があります。

解答 7-18

イ

問題の表示記号は、**誘導形で交流回路に使用する**ことを意味します。誘導形の計器としては**電力量計**があります。

解答 7-19

ハ

問題の表示記号は、**可動鉄片形で目盛板を鉛直に立てて使用する**ことを意味します。

解答 7-20

ロ

絶縁抵抗を測定するには、**直流 500V か 250V の絶縁抵抗計**を使用するのが一般的です。

解答 7-21

ロ

三相誘導電動機の相順を調べるのは、**検相器**です。

基本となる4つの法律を整理しよう！

保安に関する法令

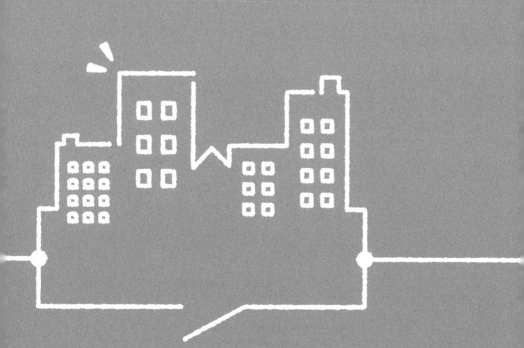

電気事業法

電気は日常生活に不可欠なものですが、その半面、取り扱い方を誤ると感電や災害を引き起こす恐れのある危険なものでもあります。そのため、電気の取り扱いや保安に関して、次の4つの法律が定められています。これらの法律に従い、電気を安全に取り扱うことが求められています。

- 電気事業法　　　：電気事業や電気工作物の工事・保安などについて規定した法律
- 電気工事士法　　：工事を行う個人が対象の法律
- 電気工事業法　　：電気工事業者の登録や業務の規制についての法律
- 電気用品安全法：電気器具等の製造業者・輸入業者が対象の法律

 メモ… 上記の基本的な4つの法律に加えて、第4章で解説した「電気設備技術基準」（電気設備の技術基準を定めた法律）も、本章の解説と深く関係しています。

電気事業法とは

電気事業法は、**電気事業の運営や電気工作物の工事・保安などについて規定した法律**です。電気工作物とは、発電所や送電所の設備、工場・ビルなどの電気設備や一般住宅の屋内配線などです。

電気工作物は**一般用電気工作物**と事業用電気工作物に分類され、事業用電気工作物はさらに**電気事業用の電気工作物**と**自家用電気工作物**に分類されます。

電気工作物の分類

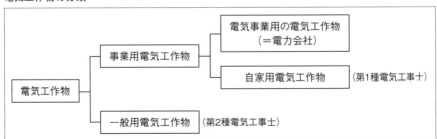

重要! 電気事業法については、電気工作物の分類（一般用電気工作物と事業用電気工作物）を理解してください。特に第2種電気工事士の守備範囲である「一般用電気工作物」の範囲についてはしっかりと押さえておいてください。

一般用電気工作物の範囲

一般用電気工作物の範囲は次のとおりです。

- 600V以下の電圧で受電している設備（電気工作物）で、同一構内にある小出力発電設備（総出力：50KW未満）を含む

小出力発電設備には次の5種類があります。なお、小出力発電設備以外の発電設備は、600V以下の低圧で受電する場合でも**自家用電気工作物**になります。

- 太陽電池発電設備 ：50KW未満
- 風力発電設備 ：20KW未満
- 水力発電設備（ダム除く）：20KW未満
- 内燃力発電設備 ：10KW未満
- 燃料電池発電設備 ：10KW未満

上記の各小出力発電設備の上限値に加え、一般電気工作物の範囲は、小出力発電設備の総出力（合計）が、同一構内で**50KW未満**となります。

重要! 小出力発電設備の出力値も覚えておいてください。ちなみに、試験では内燃力発電設備（10KW未満）がたびたび出題されています。

自家用電気工作物の範囲

自家用電気工作物の範囲は次のとおりです。

- 600Vを超える電圧（高圧）で受電している設備
- 小出力発電設備以外の発電設備を設置している設備
- 構外に渡る電線路を有する設備
- 火薬類製造所、炭鉱
- 500KW未満の需要設備（電気工事士法）

8

一般用電気工作物の調査義務

　一般用電気工作物が設置されたときや変更されたとき、および定期的（**4年に1回**）に調査を行う必要があります。この調査は、**需要家に電気を供給する者（電力会社）**、または**保安協会**が行います。

事故の報告義務

　自家用電気工作物の設置者は、感電死傷事故や電気火災事故などが発生した場合、所轄の産業保安監督部長に報告する義務があります。

- 事故の発生を知ったときから、**24時間以内**に事故概要を電話などで報告
- 事故の発生を知ったときから、**30日以内**に事故報告書を提出

　一般用電気工作物に関し、実際の試験では次のような形で問題が出されます。

例　題	**イ.** 高圧受電で受電電力の容量が100[KW]の店舗
新設の電気工作物で、一般用電気工作物の適用を受けるものは。	**ロ.** 高圧受電で受電電力の容量が45[KW]のレストラン
	ハ. 低圧受電で受電電力の容量が30[KW]で15[KW]の内燃力発電設備を有する映画館
	ニ. 低圧受電で受電電力の容量が30[KW]の事務所

　この問題を解く際の考え方は次のようになります。

- 例題では一般用電気工作物（低圧）について問われているので、高圧受電のイ、ロは不正解
- 受電容量は何KWでも問題なし
- 内燃力発電については、10[KW]までが一般電気工作物なので、ハは不正解
- よって、残ったニが正解

　このように、電圧の種別を確認するだけで選択肢が2択に絞られます。

電気工事士法

 電気工事士法とは

　電気工事士法は、**電気工事士の義務や仕事の内容などを定めた法律**です。試験で
は、義務や仕事の内容、および「電気工事士でなければ行ってはならない工事」など
が問われます。これらについてはしっかりと理解しておいてください。

🔔 電気工事士法の目的

　電気工事士法の目的は「**電気工事の作業に従事する者の資格および義務を定め、
電気工事の欠陥による災害の発生の防止に寄与すること**」です。

 重要！　電気工事士法の目的は試験に出る頻度が非常に高いです。何度も暗唱して、必
　　　　　ず覚えておいてください。

 電気工事士等の資格の概要

　電気工事士には、**第1種電気工事士**と**第2種電気工事士**の2種類があり、許可さ
れている工事の内容が異なります。
　第1種電気工事士は、一般用電気工作物と自家用電気工作物（500KW未満）※の工
事ができます。それに対し、第2種電気工事士は**一般用電気工作物の工事だけ**しか
できません。次表を参照して、各資格の作業範囲を把握しておいてください。
※電気工事士法では、自家用電気工作物は「500KW未満の需要設備」のことをいいます。

▲ 電気工事士等の資格と作業範囲

資格 \ 電気工作物	一般用電気工作物 低 圧	自家用電気工作物 (500KW 未満) 高圧		
			簡易電気工事	特殊電気工事
第2種電気工事士	◯	×	×	×
第1種電気工事士	◯	◯	◯	×
認定電気工事従事者	×	×	◯	×
特殊電気工事資格者	×	×	×	◯

　簡易電気工事とは、自家用電気工作物 (500KW 未満) の電気工事のうちの、**600V 以下の電気工事**です。この工事は、第2種電気工事士は行えません。第2種電気工事士がこの工事を行うには別途**講習**を受けて、**認定電気工事従事者**の資格を取得することが必要です。

　特殊電気工事とは、自家用電気工作物 (500KW 未満) の電気工事のうちの、**ネオン工事、非常用電気工事**です。特殊電気工事は第1種電気工事士も行えません。この工事を行うには、別途、**特殊電気工事資格者**の資格を取得することが必要です。

🔦 電気工事士の義務

電気工事士に定められている義務は次のとおりです。

- 電気工事の作業は、電気技術基準に適合するように行わなければならない
- 電気工事の作業を行う場合は、電気工事士免状を携帯しなければならない
- 電気用品を使用するときは、電気用品安全法に定められた適正な表示の付いたものを使用すること (電気用品安全法)
- 電気工事の施工場所や使用した材料、施工方法などに関して、都道府県知事から報告を求められたときは、報告しなければならない

電気工事士の義務については、法律に定められています。特に電気工事士法はしっかり覚えてください。

電気工事士免状

電気工事士の免状については次のような規定があります。

- 電気工事士の免状は都道府県知事が交付する
- 免状を汚したり、紛失した場合は、免状を交付した都道府県知事に再交付を申請できる
- 免状の記載事項に変更が生じたときは、都道府県知事に書き換えを申請しなければならない
- 都道府県知事は、電気工事士が電気工事士法に違反したときは免状の返納を命ずることができる

重要! 免状の交付や書き換えなどはすべて、都道府県知事が行います。なお、住所の変更については書き換えの必要はありません。引越しをした場合も、管轄は発行した都道府県知事になることを忘れないでください。

🏠 電気工事士が工事できる範囲

電気工事士ができる仕事と**電気工事士でなくてもできる仕事**ははっきりと線引きされています。電気工事士でなければできない作業は次の12種類の作業です。

8

電気工事士でなければできない作業（電気工事士法施行規則より）

1. 電線相互を接続する作業
2. がいしに電線を取り付け、これを取り外す作業
3. 電線を直接造営材などに取り付ける作業
4. 電線管、線ぴ、ダクトなどに電線を収める作業
5. 配線器具を造営材に取り付けたり、配線器具に電線を接続する作業（露出形スイッチや露出形コンセントの取り替え作業を除く）
6. 電線管の曲げ加工やねじ切り、電線管相互の接続、電線管とボックスの接続
7. 金属製ボックスを造営材に取り付け、これを取り外す作業
8. 電線、電線管、線ぴ、ダクトが造営材を貫通する部分に、金属製の防護装置を取り付け、これを取り外す作業
9. 電線、電線管、線ぴ、ダクトを、メタルラス張りまたはワイヤラス張り、金属板張りの壁に取り付け、これを取り外す作業
10. 配電盤を造営材に取り付け、これを取り外す作業
11. 使用電圧600Vを超える電気機器に電線を接続する作業

12. 一般用電気工作物に接地線を取り付け、もしくはこれを取り外し、接地線相互もしくは接地線と接地極とを接続、または接地極を地面に埋設する作業

 重要! 電気工事士でなければできない作業、電気工事士でなくてもできる工事については、本書掲載の過去問題を通して覚えると効率が良いと思います。

次に、電気工事士でなくてもできる軽微な工事（6種類）について見ていきましょう。

電気工事士でなくてもできる軽微な工事（電気工事士法施行令）

1. 電圧600V以下で使用する接続器や開閉器に、コードまたはキャブタイヤケーブルを接続する工事
2. 電圧600V以下で使用する電気機器または蓄電池の端子に電線をねじ止めする工事
3. 使用電圧600V以下の電力量計・電流制限器・ヒューズを取り付け、または外す工事
4. 電鈴、インターフォン、火災感知器、豆電球その他これらの類する施設に使用する小型変圧器（二次電圧36V以下のもの）の二次側の配線工事
5. 電線を支持する柱や腕木などを設置し、または変更する工事
6. 地中電線用の暗渠または管を設置し、または変更する工事

 本節で解説した「電気工事士の義務」「電気工事士の免状」「電気工事士でなければできない作業」などはいずれも大切なところなので、しっかりと理解しておいてください。

第8章
03 電気工事業法

電気工事業法については、個別の内容が出題されることは稀です。全体的な内容を広く浅く押さえてください。

🏠 電気工事業法とは

電気工事業法（電気工事業の業務の適正化に関する法律）は、**電気工事業者の登録や業務の規制についての法律**です。規制を行うことによって、業務の適正な実施を確保して一般用電気工作物や自家用電気工作物の保安を確保することを目的としています。

電気工事業者の登録

電気工事業を営もうとする者は、電気工事業者として登録しないと営業を開始することができません（これを**登録電気工事業者**といいます）。

登録先は、営業所が1つの都道府県だけの場合は**都道府県知事**、2つの都道府県にまたがる場合は**経済産業大臣**になります。登録の有効期間は**5年**です。

登録電気工事業者の義務

電気工事業者として、従うべき義務および事項は以下のとおりです。

（ i ）主任電気工事士の設置

電気工事業者は、営業所ごとに**主任電気工事士**を置く必要があります。主任電気工事士になるには以下のいずれかの資格を持っている必要があります。

- 第1種電気工事士
- 第2種電気工事士で3年以上の実務経験がある人

（ii）器具の備え付け

　一般用電気工作物の工事を行う電気工事業者は、**営業所ごとに次の機器を備え付ける必要があります。**

- 絶縁抵抗計（メガー）
- 接地抵抗計（アーステスタ）
- 回路計（テスタ）

（iii）標識の掲示

　登録電気業者は、営業所と電気工事の施工場所ごとに次の事項を記載した**標識を**掲示する必要があります。

- 氏名または名称、法人は代表者の氏名
- 営業所の名称、電気工事の種類
- 登録の年月日および登録番号
- 主任電気工事士等の氏名

（iv）帳簿の備え付け

　電気工事業者は、営業所ごとに**帳簿**を備え、電気工事ごとに以下の事項を記載して、**5年間保存する必要があります。**

- 注文者の氏名または名称および住所
- 電気工事の種類および施工場所
- 施工年月日
- 主任電気工事士等および作業者の氏名
- 配線図
- 検査結果

（v）業務規制

　業務規制に関する事項は以下のとおりです。

- 電気工事士等でない者を電気工事の作業に従事させてはならない
- 電気工事に使用する電気用品は、電気用品安全法（次項）に定められた適正な表示の付いたものを使用しなければならない

第 8 章 04 電気用品安全法

電気用品安全法に関しては、その**目的**と**電気用品の表示事項**を覚えてください。一方、特定電気用品やそれ以外の電気用品については、すべてを覚える必要はありません。代表的なものだけを押さえておけば大丈夫です。

 ## 電気用品安全法とは

電気用品安全法は、**電気用品の製造、輸入や販売を規制して、電気用品による危険や障害の発生を防止することを目的とした法律**です。

電気用品安全法では、構造や使用方法から見て、特に危険または障害の発生する恐れが多い電気用品を**特定電気用品**、それ以外を**特定電気用品以外の電気用品**として指定しています。

電気用品の表示事項

電気用品に表示するのは、以下のとおりです。

🔋 電気用品の表示事項

対象	表示事項
特定電気用品の表示事項（3項目）	・ <PS>E または \<PS\>E ・ 届出業者名 ・ 検査機関名
特定電気用品以外の電気用品（2項目）	・ (PS)E または (PS) E ・ 届出業者名

主な特定電気用品

特定電気用品には主に、以下の電気用品が含まれます。

電線類（定格電圧100V以上600V以下）

- 絶縁電線（公称断面積100mm^{2}以下）
- ケーブル（公称断面積22mm^{2}以下、心線7本以下）
- キャブタイヤケーブル（公称断面積100mm^{2}以下、心線7本以下）
- コード

配線器具（定格電圧100V以上300V以下）

- 点滅器（30A以下）
- ヒューズ（温度ヒューズ・爪つきヒューズ：1～200A）
- 配線用遮断器、漏電遮断器、開閉器（100A以下）
- 小型変圧器（500VA以下）
- 放電灯安定器（500W以下）

主な特定電気用品以外の電気用品

特定電気用品以外の電気用品には主に、以下の電気用品が含まれます。

- 電線管とその付属品
- 単相電動機、かご形三相誘導電動機
- ケーブル（22～100mm^2，心線7本以下）
- 蛍光灯電線、ネオン電線（100mm^{2}以下）
- 電気ドリル、換気扇、電気ストーブ、テレビ

重要！　輸入した電気用品は、製造者ではなく、輸入業者が申請し、特定電気用品、またはそれ以外の電気用品の表示を行います。

05 電気設備技術基準

電気設備技術基準については、「**電圧の種別と対地電圧の制限に関する問題**」が出題されています。低圧・高圧の数字をしっかりと覚えましょう。

🏠 電気設備技術基準とは

電気設備技術基準については第4章でも紹介していますが、この法律は、電気事業法に基づいて規定された**電気工事に関する技術基準を定めた法律**です。対象となるすべての電気工事は定められた技術基準に適合するように施工する必要があります。

💡 電圧の区分

電気設備技術基準では、電圧は次の3つの基準に分けられています。

 電圧の区分

電圧の種別	直流	交流
低圧	750V 以下	600V 以下
高圧	750V を超え 7000V 以下	600V を超え 7000V 以下
特別高圧	7000V を超える	

💡 屋内電路の対地電圧の制限

屋内電路の対地電圧の制限については、次のように定められています。

- 原則として、住宅の屋内電路の対地電圧は150V 以下とする[1]

- ただし、定格消費電力が2KW 以上の電気機械器具を施設する場合は、対地電圧を300V 以下にできる[2]

> [1] 単相2線式100Vや単相3線式の100/200Vの対地電圧は100Vです。
> [2] 三相200Vのエアコンなどが該当します。

なお、対地電圧の制限に関しては次の条件があります。

- 使用電圧は300V以下にすること
- 電気機械器具および屋内の電線は、簡易接触防護措置を施すこと
- 電気機械器具は、屋内配線と直接接続※して施設すること
- 専用の開閉器および過電流遮断器を施設すること
- 電気機械器具に電気を供給する電路には、漏電遮断器を施設すること

　※コンセントは不可です。

対地電圧制限については「住宅の場合の150V」を覚えておいてください。
他の項目については、第10章の「配電理論を学ぶ」で詳しく解説しますので、ここでは余力があれば覚えておいてください。

法律関係の話は覚えるのが大変ですね。

ココが出る！精選過去問題 & 完全解答

（解答・解説は p.234）

保安に関する法令の問題

問題 8-1
一般用電気工作物に関する記述として、正しいものは。

（平成22年、平成23年）

イ．低圧で受電するものは、出力25（KW）の非常用予備発電装置を同一構内に施設しても、一般用電気工作物になる

ロ．低圧で受電するものは、小出力発電設備を同一構内に施設しても、一般用電気工作物になる

ハ．高圧で受電するものであっても、需要場所の業種によっては、一般用電気工作物になる場合がある

ニ．高圧で受電するものは、受電電力の容量、需要場所の業種にかかわらず、すべて一般用電気工作物となる

問題 8-2
一般用電気工作物の適用を受けるものは。ただし、いずれも1構内に設置するものとする。

（平成23年）

イ．低圧受電で、受電電力40（KW）、出力15（KW）の太陽電池発電設備を備えた幼稚園

ロ．高圧受電で、受電電力65（KW）の機械工場

ハ．低圧受電で、受電電力35（KW）、出力15（KW）の非常用内燃力発電設備を備えた映画館

ニ．高圧受電で、受電電力40（KW）のコンビニエンスストア

問題 8-3
電気事業法において、一般用電気工作物が設置されたときおよび変更の工事が完成したときに、その一般用電気工作物が同法の省令で定める技術基準に適合しているかどうかの調査義務が課せられている者は。

（平成20年）

イ．電気工事業者
ロ．所有者
ハ．電気供給者
ニ．電気工事士

解答
問題8-1 ロ　　問題8-2 イ　　問題8-3 ハ

問題 8-4

電気工事士の義務または制限に関する記述として、誤っているものは。

（平成25年）

イ. 電気工事士は電気工事士法で定められた電気工事の作業に従事するときは、電気工事士免状を携帯していなければならない

ロ. 第2種電気工事士のみの免状で、需要設備の最大電力が500（KW）未満の自家用電気工作物の低圧部分の電気工事のすべての作業に従事することができる

ハ. 電気工事士は、氏名を変更したときは、免状を交付した都道府県知事に申請して免状の書き換えをしてもらわなければならない

ニ. 電気工事士は電気工事士法で定められた電気工事の作業を行うときは、電気設備に関する技術基準を定める省令に適合するよう作業を行わなければならない

問題 8-5

電気工事士の義務または制限に関する記述として、誤っているものは。

（平成24年、平成28年）

イ. 電気工事士は、電気工作物の工事に特定電気用品を使用するときは、電気用品安全法に定められた適正な表示が付されたものでなければ使用してはならない

ロ. 電気工事士は、一般用電気工作物の電気工事の作業に従事するときは、電気工事士免状を携帯していなければならない

ハ. 電気工事士は、一般用電気工作物に係る電気工事の作業に従事するときは、「電気設備に関する技術基準を定める省令」に適合するようにその作業をしなければならない

ニ. 電気工事士は、住所を変更したときは、免状を交付した都道府県知事に申請して免状の書き換えをしてもらわなければならない

問題 8-6

電気工事士法において、一般用電気工作物の作業で、電気工事士でなければ従事できない作業は。

（平成24年、平成28年）

イ. インターホンの施設に使用する小型変圧器（二次電圧36V以下）の二次配線工事の作業

ロ. 電線を支持する柱、腕木を設置する作業

ハ. 電線管をねじ切りし、電線管とボックスを接続する作業

ニ. 電力量計の取り付け作業

解答

　問題 8-4 ロ　　**問題 8-5** ニ　　**問題 8-6** ハ

問題8-7

電気工事士法において、一般用電気工作物の作業で、電気工事士でなければ従事できない作業は。

(平成24年、類平成27年)

イ. 電動機の端子にキャブタイヤケーブルをねじ止めする作業

ロ. 金属管に電線を収める作業

ハ. 火災報知器の施設に使用する小型変圧器(二次電圧36V以下)の二次側配線工事の作業

ニ. ソケットにコードを接続する作業

問題8-8

電気工事士法において、一般用電気工作物の工事または作業で、電気工事士でなければ従事できないものは。

(平成25年)

イ. 開閉器にコードを接続する工事

ロ. 配電盤を造営材に取り付ける作業

ハ. 地中電線用の暗きょを設置する工事

ニ. 火災報知器に使用する小型変圧器(二次電圧が36V以下)の二次側の配線工事

問題8-9

電気工事士法において、第2種電気工事士免状の交付を受けているものであってもできない工事は。

(平成22年、平成23年、令和4年)

イ. 一般用電気工作物の接地工事

ロ. 一般用電気工作物のネオン工事

ハ. 自家用電気工作物(500KW未満の需要設備)の非常用予備発電装置の工事

ニ. 自家用電気工作物(500KW未満の需要設備)の地中電線用の管の設置工事

問題8-10

電気工事業の業務の適正化に関する法律に定める内容に、適合していないものは。

(平成21年)

イ. 一般用電気工事の業務を行う登録電気工事業者は、第一種電気工事士または第二種電気工事士免状の取得後、電気工事に関し3年以上の実務経験を有する第二種電気工事士を、その業務を行う営業所ごとに、主任電気工事士として置かなければならない

ロ. 電気工事業者は、営業所ごとに帳簿を備え、経済産業省令で定める事項を記載し、5年間保存しなければならない

ハ. 登録電気工事業者の登録の有効期限は7年であり、有効期限の満了後引き続き電気工事業を営もうとする者は、更新の登録を受けなければならない

ニ. 一般用電気工事の業務を行う電気工事業者は、営業所ごとに、絶縁抵抗計、接地抵抗計、交流電圧を測定することができる回路計を備えなければならない

8

解答
問題8-7　ロ　　問題8-8　ロ　　問題8-9　ハ　　問題8-10　ハ

問題 8-11
電気用品安全法における特定電気用品に関する記述として、誤っているものは。

(平成18年、平成24年)

イ. 電気用品の製造の事業を行う者は、一定の要件を満たせば製造した特定電気用品に の表示を付すことができる

ロ. 電気用品の輸入の事業を行うものは、一定の要件を満たせば輸入した特定電気用品に の表示を付すことができる

ハ. 電気用品の販売の事業を行うものは、経済産業大臣の承認を受けた場合等を除き、法令に定める表示のない特定電気用品を販売してはならない

ニ. 電気工事士は、経済産業大臣の承認を受けた場合等を除き、法令に定める表示のない特定電気用品を電気工事に使用してはならない

問題 8-12
電気用品安全法により、電気工事に使用する特定電気用品に付することが要求されていない表示事項は。

(平成26年)

イ. または ＜ PS ＞ E の記号

ロ. 届出業者名

ハ. 登録検査機関名

ニ. 製造年月日

問題 8-13
電気用品安全法において、特定電気用品の適用を受けるものは。

(平成25年、令和2年)

イ. 外径25 (mm) の金属製電線管

ロ. 公称断面積150 (mm^2) の合成樹脂絶縁電線

ハ. ケーブル配線用スイッチボックス

ニ. 定格電流60 (A) の配線用遮断器

問題 8-14
「電気設備に関する技術基準を定める省令」で定められている交流の電圧区分で、正しいものは。

(平成15年、平成24年)

イ. 低圧は 600 (V) 以下、高圧は 600 (V) を超え 10000 (V) 以下

ロ. 低圧は 600 (V) 以下、高圧は 600 (V) を超え 7000 (V) 以下

ハ. 低圧は 750 (V) 以下、高圧は 750 (V) を超え 10000 (V) 以下

ニ. 低圧は 750 (V) 以下、高圧は 750 (V) を超え 7000 (V) 以下

解答

問題 8-11 ロ　　**問題 8-12** ニ　　**問題 8-13** ニ　　**問題 8-14** ロ

問題 8-15

電気用品安全法における電気用品に関する記述として、誤っているものは。

（平成21年）

イ. 電気用品の製造または輸入の事業を行う者は、電気用品安全法に規定する義務を履行したときに、経済産業省令で定める方式による表示を付すことができる

ロ. 電気用品の製造、輸入または販売の事業を行う者は、法令に定める表示のない電気用品を販売し、または販売の目的で陳列してはならない

ハ. 電気用品を輸入して販売する事業を行う者は、輸入した電気用品に、JISマークの表示をしなければならない

ニ. 電気工事士は、電気用品安全法に規定する表示の付されていない電気用品を電気工作物の設置または変更の工事に使用してはならない

問題 8-16

「電気設備に関する技術基準を定める省令」における電圧の低圧区分の組合せで、正しいものは。

（平成24年、平成29年、令和元年、令和4年）

イ. 交流750（V）以下、直流600（V）以下
ロ. 交流600（V）以下、直流600（V）以下
ハ. 交流600（V）以下、直流750（V）以下
ニ. 交流600（V）以下、直流700（V）以下

問題 8-17

特別な場合を除き、住宅の屋内電路に使用できる対地電圧の最大値は。

（平成16年、平成23年）

イ. 100
ロ. 150
ハ. 200
ニ. 250

問題 8-18

電気工事士法において、一般用電気工作物の工事または作業で、a、bとも電気工事士でなければできないものは。

（平成26年、平成27年、令和3年、令和4年）

イ. a：接地極を地面に埋設する
b：電圧［100V］で使用する蓄電池の端子に電線をねじ止めする

ロ. a：地中電線用の暗きょを設置する
b：電圧［200V］で使用する電力量計を取り付ける

ハ. a：電線管を支持する柱を設置する
b：電線管に電線を収める

ニ. a：配電盤を造営材に取り付ける
b：電線管を曲げる

解答

問題 8-15　ハ　　　問題 8-16　ハ　　　問題 8-17　ロ　　　問題 8-18　ニ

解 答 ・ 解 説

解答8-1
ロ

一般用電気工作物の範囲は、**600V以下の電圧で受電している設備**（電気工作物）で、**同一構内にある小出力発電設備**（総出力は**50KW未満**）です。小出力発電設備のうち、内燃力発電設備は**10KW未満**までが一般用電気工作物です。

解答8-2
イ

高圧で受電するものはすべて**自家用電気工作物**です。低圧受電でも同一構内の小出力発電は、太陽電池発電設備は**50KW未満**、非常用内燃力発電設備は**10KW未満**が一般用電気工作物の範囲です。

解答8-3
ハ

一般電気工作物が設置されたときや変更されたとき、および定期的（4年に1回）に調査を行う必要があります。この調査は、**需要家に電気を供給する者**（電力会社）、または**保安協会**が行います。

解答8-4
ロ

需要設備の最大電力が500KW未満の自家用電気工作物の低圧部分の電気工事は、**簡易電気工事**になるので、第2種電気工事士の免状だけでは作業できません。作業するには**認定電気工事従事者認定証**の交付が必要となります。

解答8-5
ニ

免状の記載事項に変更が生じた場合は変更申請が必要ですが、**住所**は記載事項に該当しません。氏名が変わったときは申請が必要です。

解答8-6
ハ

電気工事士しかできない作業は、**電線管をねじ切り**し、**電線管とボックスを接続する**作業です。他の仕事は、電気工事士でなくてもできる軽微な工事です。

解答8-7
ロ

電気工事士しかできない作業は、**金属管に電線を収める**作業です。その他の工事は電気工事士でなくてもできる軽微な工事です。

解答8-8
ロ

電気工事士しかできない作業は、**配電盤を造営材に取り付ける作業**です。他の工事は電気工事士でなくてもできる軽微な工事です。

解答8-9
ハ

第2種電気工事士ができる工事は、**一般用電気工作物の工事だけ**です。自家用電気工作物（500KW未満の需要設備）の非常用予備発電装置の工事は、**特殊電気工事資格者**の資格が必要です。また、地中電線用の管の設置工事は、電気工事士でなくてもできる軽微な工事です。

解答8-10
ハ

登録電気工事業者の登録有効期間は**5年**です。

解答8-11
ロ

特定電気用品には〈PS E〉を表示します。（PS E）は**特定電気用品以外の電気用品**に表示するマークです。

解答8-12
ニ

特定電気用品に表示しなくてはならないものは、〈PS E〉または**< PS > E**、および**届出業者名**と**検査機関名**の3点です。

解答8-13
ニ

配線用遮断器は100A以下のものが特定電気用品です。ロの**合成樹脂絶縁電線**は100mm²以下が特定電気用品です。金属電線管とスイッチボックスは特定電気用品以外の電気用品です。

解答8-14
ロ

交流の電圧の区分は、「**低圧は600V以下、高圧は600Vを超え7000V以下、特別高圧は7000Vを超過**」です。

解答8-15
ハ

電気用品安全法では、JISマークの表示は義務づけられていません。輸入製品に対しては、**輸入業者**が特定電気用品あるいはその他の検査を行わなくてはいけません。

解答8-16
ハ

電圧の低圧区分は、**交流600V以下、直流750V以下**です。

解答8-17
ロ

住宅の屋内電路の**対地電圧**は原則として**150V以下**に制限されています。

解答8-18
ニ

電気工事士以外できない作業は、**イ－a**の接地極を地面に埋設する、**ハ－b**の電線管に電線を収める、**ニ－a**の配電盤を造営材に取り付ける、および**b**の電線管を曲げるです。

8

電気の基本を理解しよう！

電気の基礎理論

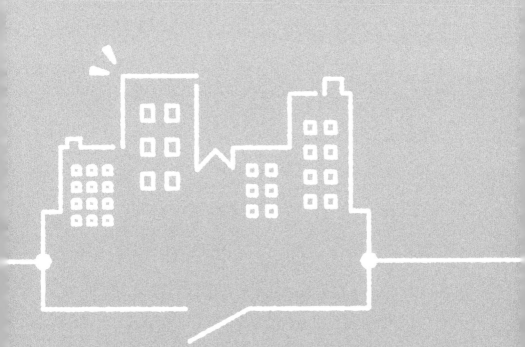

直流回路の抵抗

本章では、**オームの法則**などの「電気の基本」を解説します。すでに理解している人は復習を兼ねて読み進めてください。また、理解があいまいな人や、苦手な人はぜひ本章を読み進めて、公式を1つでも覚えて、計算問題に解答できるようになってください。試験では、本章の解説範囲の中から毎年5問程度出題されています。

 公式を覚えたり、計算したりするのは苦手です……。

 本章の内容に苦手意識を持っている人は確かに多いのですが、本書ではどこよりも丁寧に詳しく説明していきますので、ぜひ読み進めてください。

> **メモ...** 🖉 電気には、直流と交流の2種類があります。乾電池のように、電圧や電流の向きが常に一定の電気を「直流」といいます。一方、一般家庭のように、電圧や電流の向きが周期的に変化する電気を「交流」といいます。

電線の抵抗

それでは**電線の抵抗**から見ていきましょう。

電気とは、**導体の中を流れる電流**です。次ページの図の乾電池の回路を例にとると、

- 乾電池が電圧。回路に電気を流す大きさ。単位はボルト（V）
- 乾電池のプラス極からマイナス極に流れているのが電流。回路を流れる電気の量。単位はアンペア（A）
- 豆電球が抵抗。電気の流れを妨げるもの。単位はオーム（Ω）

となります。また、電流は**電子の流れ**ですが、この電子はマイナス極からプラス極へ流れています（電流とは逆方向）。これは、一見矛盾しているようですが、「**そうい**

うものだ」として覚えておいてください。また、**抵抗**は、回路の中では**抵抗負荷**、あるいは**負荷**とも呼びます。

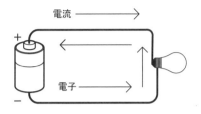

抵抗は、**電流の流れを妨げるもの**です。次図のような電線に電流が流れることを考えてみてください。

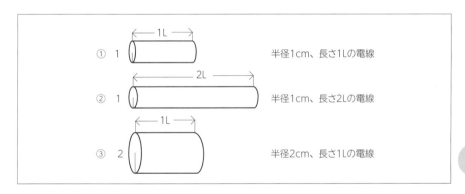

電流を「水」と考え、電線の抵抗を「ホース」と考えると、次のことが理解できると思います。

- 半径が同じ場合（①と②）、短いものより、長いもののほうが、水は流れにくい
- 長さが同じ場合（①と③）、太いものより、細いもののほうが、水は流れにくい

電流と抵抗の関係も同じです。電線の半径が同じときは、長くなればなるほど電気は流れにくくなり、長さが同じときは、細くなればなるほど電気は流れにくくなります。これを明確な数値にすると、次のようになります。

- **断面積を2倍**にすると、抵抗は $\frac{1}{2}$ になる
- **直径を2倍**にすると、抵抗は $\frac{1}{4}$ になる
- **長さを2倍**にすると、抵抗は2倍になる

重要！　このように、電線の抵抗は、電線の長さに比例して大きくなり、断面積に反比例して小さくなります。まずはこの原理をしっかりと覚えておいてください。

電線の抵抗（R）の式

電線の抵抗（R）は次の式で表されます。 ρ（ロー）は、導体の種類によって決まる抵抗率です（下表を参照）。

$$R = \rho \times \frac{L}{A}\ [\Omega]$$

長さL[m]

←抵抗率ρ[$\Omega \cdot$ mm²/m]

断面積A[mm²]

また、抵抗率の**逆数**を導電率 σ（シグマ）といい、**電気の流れやすさ**を表します。

$$\sigma = \frac{1}{\rho}$$

導体と絶縁体

　導体とは、**電気を通しやすい物質**です。鉄、銅、金、銀、アルミニウムなどは導体です。それに対して、**電気を通しにくい物質**のことを絶縁体といいます。ガラス、ビニル、陶器などは絶縁体です。また、導体と絶縁体の中間に位置する物質を半導体といいます。シリコン、ゲルマニウムなどは半導体です。

　主な導体の抵抗率は次のとおりです。**どの順序で抵抗率が増えていくか**を確認しておいてください。

👑 主な導体の抵抗率

種類	抵抗率 [$\Omega \cdot$ mm²/m]
銀	0.0162
銅	0.0172
金	0.024
アルミニウム	0.0275
鉄	0.100

各導体の抵抗率は、知識として覚えておきましょう！

02 オームの法則と 合成抵抗

 オームの法則

　電流は電線の中を**プラス極からマイナス極へ**向かって流れ、また、**抵抗は電流を妨げる働きをするもの**でした。**電圧は電線に電流を送り出す力**といえます。電圧、電流、抵抗の関係は次図のようになります。

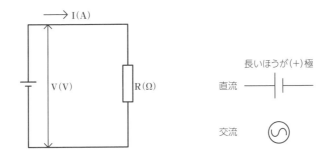

　電池に抵抗を接続すると回路に電流が流れます。流れる電流の大きさは、加えた**電圧の大きさに比例**し、**抵抗の大きさに反比例**します。また、電圧を V（V）、抵抗を R（Ω）、電流を I（A）とすると、次の式が成り立ちます。

$$V = IR$$

$$I = \frac{V}{R}$$

$$R = \frac{V}{I}$$

　上記の右図を用いると、電圧、電流、抵抗を簡単に算出できます。例えば、電圧を知りたい場合は［V］を隠します。すると、下部の［IR］が残るため、I と R を掛けることで電圧 V を算出できることがわかります。この電圧、電流、抵抗の関係は、この関係を発見した人の名をとって「**オームの法則**」と呼ばれています。

241

合成抵抗

　回路の中にある抵抗をまとめたものを**合成抵抗**といいます。合成抵抗の計算方法は、抵抗が直列につながれているか、並列につながれているかによって異なります。

💡 直列接続

　抵抗が**直列**につながれている場合、合成抵抗Rは各抵抗の和になります。

$$R = R_1 + R_2 \, (\Omega)$$

💡 並列接続

　抵抗が**並列**につながれている場合、合成抵抗Rは次図の式$\left(\dfrac{積}{和}\right)$で求められます。この場合の合成抵抗値は各抵抗値の和よりも**小さく**なります。

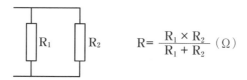

$$R = \frac{R_1 \times R_2}{R_1 + R_2} \, (\Omega)$$

合成抵抗と電圧・電流の関係

　合成抵抗と電圧・電流の関係は、直列接続の場合と並列接続の場合で異なります。それぞれにどのような関係があるかを理解しておくと、計算が格段にわかりやすくなります。

💡 抵抗が直列接続の場合

　次図のように抵抗が**直列**に接続されている場合、回路に流れる**電流I（A）は一定**なので、各抵抗にかかる電圧は、オームの法則V = IRより、次のようになります。

- 抵抗R_1にかかる電圧：$V_1 = R_1 \times I \, (V)$
- 抵抗R_2にかかる電圧：$V_2 = R_2 \times I \, (V)$

したがって、この抵抗にかかる回路の電圧は、

$$V_1 + V_2 = R_1 I + R_2 I \quad \cdots\cdots ①$$

になります。

また、回路の合成抵抗は$R = R_1 + R_2$なので、回路全体の電圧は次のように求められます（$V = RI$より）。

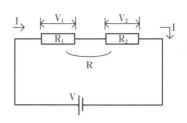

$$
\begin{aligned}
V &= R \times I \\
&= (R_1 + R_2) \times I \\
&= R_1 I + R_2 I \quad \cdots\cdots ②
\end{aligned}
$$

①、②から、$V = V_1 + V_2 = R_1 I + R_2 I$となり、各抵抗にかかる電圧の合計は、回路全体の電圧と等しくなります。まとめると、抵抗が直列に接続された回路の電圧と電流の関係は下記になります。

電圧：$V = V_1 + V_2$

電流：$I = I$　（**電流は一定**）

合成抵抗：$R = R_1 + R_2$

🎈 抵抗が並列接続の場合

次図のように抵抗が**並列**に接続されている場合、各抵抗には**同じ電圧 V（V）**がかかります。したがって各抵抗に流れる電流は次のようになります（$I = \dfrac{V}{R}$より）。

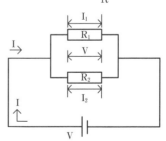

- 抵抗R_1にかかる電流：$I_1 = \dfrac{V}{R_1}$（A）

- 抵抗R_2にかかる電流：$I_2 = \dfrac{V}{R_2}$（A）

次に、並列接続の合成抵抗は$R = \dfrac{R_1 \times R_2}{R_1 + R_2}$なので、上記の式に代入すると、次のようになります。

$$I_1 = \frac{IR}{R_1} = \frac{I}{R_1} \times \frac{R_1 \times R_2}{R_1 + R_2} = \frac{IR_2}{R_1 + R_2} \quad \cdots \cdots ①$$

$$I_2 = \frac{IR}{R_2} = \frac{I}{R_2} \times \frac{R_1 \times R_2}{R_1 + R_2} = \frac{IR_1}{R_1 + R_2} \quad \cdots \cdots ②$$

次に、並列部分の電流を合計（①＋②）すると、

$$I_1 + I_2 = \frac{IR_2}{R_1 + R_2} + \frac{IR_1}{R_1 + R_2} = \frac{I \times (R_1 + R_2)}{R_1 + R_2} = I \text{ (A)}$$

このように、**各抵抗に流れる電流の和**がこの回路の電流と等しくなります。抵抗が並列に接続された回路では、電流と電圧の関係は以下になります。

電圧：$V = V$　（**電圧は一定**）

電流：$I = I_1 + I_2$

合成抵抗：$R = \dfrac{R_1 \times R_2}{R_1 + R_2}$

 上記に記した、電圧・電流・抵抗の関係を頭に入れておけば、どのような問題が出題されても柔軟に対応できるようになります。

合成抵抗に関して、試験では次のような問題が出題されます。

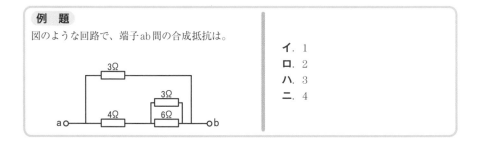

例　題

図のような回路で、端子 ab 間の合成抵抗は。

イ. 1
ロ. 2
ハ. 3
ニ. 4

3Ω
4Ω　3Ω　6Ω
a○　　　　　○b

この問題は次の流れで計算を進めることで解いていきます。

①図の右下の並列部分の合成抵抗

右側の3Ωと6Ωの並列部分の合成抵抗は、$\dfrac{3 \times 6}{3 + 6} = \dfrac{18}{9} = 2\,(\Omega)$

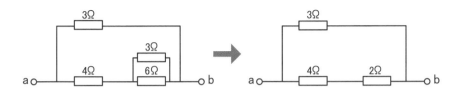

②図の下部の直列部分の合成抵抗

左下部の4Ωと、上記で求めた2Ωの合成抵抗は、$4 + 2 = 6\,(\Omega)$

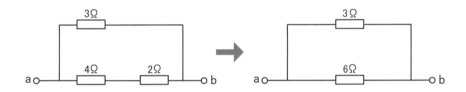

③全体の並列部分の合成抵抗

図上部の3Ωと、上記で求めた6Ωの合成抵抗は、$\dfrac{3 \times 6}{3 + 6} = \dfrac{18}{9} = 2\,(\Omega)$

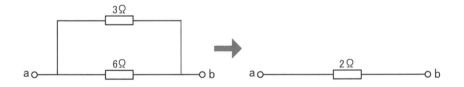

　上記の計算結果から、端子ab間の合成抵抗は**2（Ω）**となり、よって**正解は「ロ」**となります。

　一見すると複雑な回路図に見えますが、1つずつ分解して、丁寧に計算していけば必ず正解まで辿りつけます。本書掲載の過去問で練習して、確実に習得しておいてください。

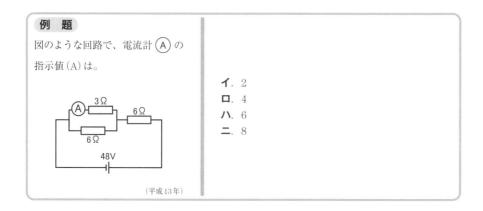

①回路の合成抵抗を求める

　まずは**抵抗**を求めます。並列部分の合成抵抗は $\dfrac{3 \times 6}{3 + 6} = \dfrac{18}{9} = \textbf{2}\,(\Omega)$ なので、

回路全体の直列部分の合成抵抗は、$2 + 6 = \textbf{8}\,(\Omega)$ となります。

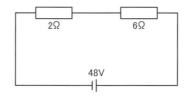

②回路を流れる電流を求める

　次に回路全体を流れる電流を求めます。電圧は48Vであり、合成抵抗は8Ωであ

ることがわかったので、電流は公式 $I = \dfrac{V}{R}$ より、$I = \dfrac{48}{8} = \textbf{6}\,(\textbf{A})$ であることがわ

かります。

③並列部分の電圧を求める

　並列部分（合成抵抗2Ωの部分）の電圧は、公式 $V = IR$ より、$6 \times 2 = \textbf{12}\,(\textbf{V})$ であ

ることがわかります（右側の6Ωの部分は、$6 \times 6 = 36V$）。

④3Ω抵抗に流れる電流を求める

電流計 Ⓐ の電流（3Ω抵抗に流れる電流）は、$I = \dfrac{V}{R} = \dfrac{12}{3} = \mathbf{4(A)}$ となります（6

Ω部分は $\dfrac{12}{6} = 2(A)$ です）。よって**正解は「ロ」**となります。

メモ... 🖊 回路全体を流れる電流6Aは、並列回路で3Ωと6Ωに**反比例して分流**します。この
点を加味すれば、上記の③と④の計算は、次の式で算出することも可能です。こちら
の計算式のほうが、迅速に答えを導き出せます。

$$I = 6 \times \frac{6}{3+6} = 6 \times \frac{6}{9} = 4(A)$$

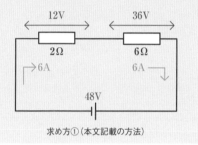

求め方①（本文記載の方法）

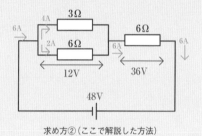

求め方②（ここで解説した方法）

今回の例題の場合、電流を調べたい箇所の抵抗値（3Ω）が最初から明記されてい
るので、**電圧さえわかればオームの法則から電流を算出できます**。電圧を調べるた
めには、**合成抵抗を算出して回路全体の電流**を計算します。そして、回路全体の電
流が導き出せたら、2Ω部分にかかる電圧がわかります。

このように順番に考えていくと正解が得られます。オームの法則を2回以上利用
する必要がありますが、焦らずに落ち着いて考えましょう。

合成抵抗と電圧・電流の関係をしっかりと理解しておけば、どのような問
題にも対応できるようになりますね！

ブリッジ回路の平衡

　次図のような回路を**ブリッジ回路**といいます。この回路で$R_1 × R_4 = R_2 × R_3$のとき、cd間の電圧計は0を指し、電流が流れません。この状態を「**ブリッジ回路の平衡**」といいます。

　このブリッジ回路は、**未知の抵抗の値**を測定するときに使用されています。また、上記の式が成り立たない（不平衡）ときは、acとad間の電圧の差が電圧計に現れます。知識として覚えておいてください。

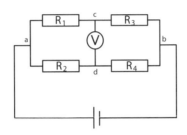

 これでオームの法則と合成抵抗に関する解説はおわりです。本項に関しては、習うより慣れろの精神で、とにかくたくさんの過去問を解いて、計算に慣れることが合格への近道です。

03 電力・電力量・熱量

　ここでは、**電力・電力量・熱量**を求める方法を解説します。試験では、**電力量から熱量を計算する問題**が出題されることが多いですが、近年は**熱量から電力量を計算する問題**も出題されるなど、変化してきているので、それぞれの関係性を押さえたうえで、きちんと計算できるようになっておくことが大切です。

電力

　電力とは、電気が**1秒間にする仕事**です。次図のような回路に電流が流れると、抵抗は熱を発生し、温度が上がります。これは電気エネルギーが**熱エネルギー**に変わったためです。電力の単位は**W（ワット）**で表します。

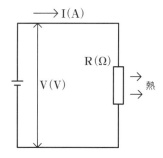

　電力をP（W）、電圧をV（V）、電流をI（A）、抵抗をR（Ω）とすると、電力は次の式で表すことができます。

$$P = VI = I^2R = \frac{V^2}{R}$$

電力の求め方

オームの法則

　P＝VIにオームの法則V＝IR、または、I＝$\frac{V}{R}$を代入すると、P＝I^2R、および、P＝$\frac{V^2}{R}$が導かれます。

電力量

　電力量とは、電気がある時間内に行う仕事の量です。1（W）の電力が1（S）秒間に行う電力量Wは1（W・s）です。同様にP（KW）の電熱器を、t（h）時間使用したときの電力量W（KW・h）は、次の式で表します。

$$W = Pt \ (\text{KW} \cdot \text{h})$$

 ## 熱量

　熱量とは、電気エネルギーを「熱」としてみた場合の電力量です。電力量1（W・s）は熱量1（J）に相当します。熱量の単位は**J（ジュール）**です。

　電力量1（KW・h）を熱量（J）に換算すると次のようになります。

$$
\begin{aligned}
1 \ (\text{KW} \cdot \text{h}) &= 1 \ (\text{KW}) \times 1 \ (\text{h}) \\
&= 1000 \ (\text{W}) \times 60 \times 60 \ (\text{s}) \quad \text{※1時間は3600秒} \\
&= 1000 \times 3600 \ (\text{W} \cdot \text{s}) \\
&= 1000 \times 3600 \ (\text{J}) = \mathbf{3600 \ (KJ)}
\end{aligned}
$$

　したがって、P（KW）の電熱器をt時間使用したときの熱量Q（KJ）は、次の式で表します。

$$Q = 3600Pt \ (\text{KJ})$$

 重要！ 電力、電力量、熱量の公式と単位は覚えておいてください。電力を求める公式は、オームの法則といっしょに覚えておくと便利です。また、電力量と熱量の関係式「Q=3600Pt（KJ）」は暗記しておいてください。

精選過去問題 & 完全解答

（解答・解説は p.254）

直流回路の電線の抵抗に関する問題

問題9-1

A、Bの2本の同材質の銅線がある。Aは直径1.6 (mm)、長さ40 (m)、Bは直径3.2 (mm)、長さ20 (m) である。Aの抵抗はBの抵抗の何倍か。

（平成23年、平成25年）

- **イ.** 2
- **ロ.** 4
- **ハ.** 6
- **ニ.** 8

問題9-2

直径2.6 (mm)、長さ10 (m) の銅導線と抵抗値が最も近い同材質の銅導線は。

（平成25年、令和元年）

- **イ.** 直径1.6 (mm)、長さ20 (m)
- **ロ.** 断面積5.5 (mm²)、長さ10 (m)
- **ハ.** 直径3.2 (mm)、長さ5 (m)
- **ニ.** 断面積8 (mm²)、長さ10 (m)

問題9-3

直径1.6 (mm)、長さ8 (m) の軟銅線と電気抵抗が等しくなる直径3.2 (mm) の軟銅線の長さ (m) は。

（平成21年、平成24年）

- **イ.** 2
- **ロ.** 8
- **ハ.** 16
- **ニ.** 32

問題9-4

ビニル絶縁電線（単心）の導体の直径をD、長さをLとするとき、この電線の抵抗と許容電流に関する記述として誤っているものは。

（平成28年、令和元年、令和4年）

- **イ.** 電線の抵抗は、Lに比例する
- **ロ.** 電線の抵抗は、D^2に反比例する
- **ハ.** 許容電流は、周囲の温度が上昇すると、大きくなる
- **ニ.** 許容電流は、Dが大きくなると、大きくなる

問題9-5

電気抵抗R (Ω)、直径D (mm)、長さL (m) の導線の抵抗率 (Ω・m) を表す式は。

（平成26年、令和3年、令和6年）

- **イ.** $\dfrac{\pi D^2 R}{4L \times 10^6}$
- **ロ.** $\dfrac{\pi D^2 R}{L^2 \times 10^6}$
- **ハ.** $\dfrac{\pi DR}{4L \times 10^3}$
- **ニ.** $\dfrac{\pi DR}{4L^2 \times 10^3}$

解答

問題9-1 ニ　　問題9-2 ロ　　問題9-3 ニ　　問題9-4 ハ　　問題9-5 イ

オームの法則と合成抵抗に関する問題

問題9-6

図のような回路で、端子a－b間の
合成抵抗（Ω）は。

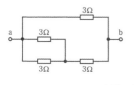

（平成22年）

- **イ**.　1.5
- **ロ**.　1.8
- **ハ**.　2.4
- **ニ**.　3.0

問題9-7

図のような回路で、電流計 Ⓐ の
値が2（A）を示した。このときの電
圧計 Ⓥ の指示値は。

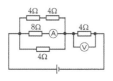

（平成25年、令和3年）

- **イ**.　16
- **ロ**.　32
- **ハ**.　40
- **ニ**.　48

問題9-8

図のような直流回路で、a－b間の
電圧（V）は。

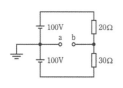

（平成25年、令和2年、令和5年）

- **イ**.　10
- **ロ**.　20
- **ハ**.　30
- **ニ**.　40

解 答

　問題9-6 ロ　　　**問題9-7** ロ　　　**問題9-8** ロ

問題9-9

図のような回路で、スイッチSを
閉じたとき、a－b端子間の電圧
(V)は。

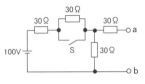

（平成30年、令和3年、令和5年）

イ. 30
ロ. 40
ハ. 50
ニ. 60

問題9-10

図のような直流回路に流れる電流
I (A)は。

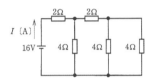

（平成26年、令和2年、令和4年）

イ. 1
ロ. 2
ハ. 4
ニ. 8

電力・電力量・熱量に関する問題

9

問題9-11

消費電力が300 (W)の電熱器を、2
時間使用したときの発熱量(KJ)
は。

（平成23年、令和3年）

イ. 36
ロ. 600
ハ. 1080
ニ. 2160

問題9-12

電線の不良により、接続点の接触
抵抗が0.2 (Ω)となった。この電
線に10 (A)の電流が流れると、接
続点から1時間に発生する熱量
(KJ)は。ただし、接触抵抗の値は
変化しないものとする。

（平成25年、令和2年、令和5年）

イ. 7.2
ロ. 17.2
ハ. 20.0
ニ. 72.0

解 答

問題9-9 ハ　　問題9-10 ハ　　問題9-11 ニ　　問題9-12 ニ

解　答・解　説

解答9-1

ニ

長さを比べると、銅線Aは40m、Bは20mなので、AはBの**2倍**（40÷20）になります（ⅰ）。次に、銅線Aの直径は1.6mm、Bは3.2mmであり、BはAの**2倍**あるので、抵抗は$\frac{1}{4}$、つまり、AはBの**4倍**になります（ⅱ）。（ⅰ）（ⅱ）より、抵抗値は2×4で、**8倍**になります。

解答9-2

ロ

まず、直径2.6mmの銅導線の断面積は、1.3×1.3×3.14＝**5.31mm²**です（1.3は銅導線の半径）。これは、ほぼ5.5mm²と等しく、長さも同じ10mなので、ロの銅導線が、抵抗値が最も近い銅導線となります。

解答9-3

ニ

直径3.2mmは、1.6mmの2倍なので、抵抗値は$\frac{1}{4}$です。また、長さは8mなので、直径3.2mmの軟銅線の長さは、$8÷\frac{1}{4}＝$**32m**になります。

解答9-4

ハ

導線の断面積Aは、半径×半径×πなので、

$$\text{断面積 A} = \frac{D}{2} \times \frac{D}{2} \times \pi = \frac{\pi D^2}{4} \, (\text{mm}^2)$$

導線の電気抵抗Rは、公式$R = \rho \times \frac{L}{A}$より、

上記の断面積$A = \frac{\pi D^2}{4} \, (\text{mm}^2)$を代入すると、

$$\text{電気抵抗 R} = \frac{\rho L}{\frac{\pi D^2}{4}} = \rho L \times \frac{4}{\pi D^2} = \frac{4 \rho L}{\pi D^2}$$

　この式から、電線の**抵抗R**は、**長さLに比例**し、**D²に反比例**することがわかります。したがって、**イとロは正しい**ことがわかります。

　次に電線の許容電流は、**断面積**が増えると大きくなり、**周囲温度**が上がると小さくなります（熱の放射が悪くなるため）。したがって、ニが正しいことがわかります。

解答9-5

イ

電線の抵抗はR $= \rho \times \dfrac{L}{A}$ から、抵抗率は $\rho = R \times \dfrac{A}{L}$

断面積Aは、半径r (mm) とすると、πr^2 で、rは $\dfrac{D}{2}$ なので、

断面積$A = \dfrac{\pi D^2}{4}$ (mm^2)

単位を m^2 に揃えると$A = \dfrac{\pi D^2 \times 10^{-6}}{4}$ (m^2)

これを抵抗率の式に当てはめると、

$$\rho = R \times \dfrac{A}{L} = \dfrac{R \times \pi D^2 \times 10^{-6}}{4L} = \dfrac{\pi D^2 \times R}{4L \times 10^6}$$

解答9-6

ロ

問題図の左側並列部分の合成抵抗は、$\dfrac{3 \times 3}{3 + 3} = \dfrac{9}{6} = \mathbf{1.5}$ (Ω)

左下図の直列部分の合成抵抗は、$1.5 + 3 = \mathbf{4.5}$ (Ω)

右下図の3Ωと4.5Ωの並列部分の合成抵抗は、

$$\dfrac{3 \times 4.5}{3 + 4.5} = \dfrac{13.5}{7.5} = \mathbf{1.8}\ (Ω)$$

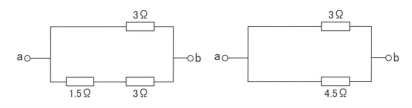

解答9-7

ロ

並列部分8Ωに加わる電圧は、$V = IR$ より、$V = 2 \times 8 = \mathbf{16}$ (V)

他の2線に流れる電流は、$4 + 4 = 8$ Ω部分は$I = \dfrac{16}{8} = \mathbf{2}$ (A)

4Ω部分は$I = \dfrac{16}{4} = \mathbf{4}$ (A)

したがって、この回路に流れる電流は、並列部分に流れる電流の和なので、$I = 2 + 2 + 4 = \mathbf{8}$ (A)、右側の回路4Ωに加わる電圧は$V = 8 \times 4 = \mathbf{32}$ (V)

解答9-8

ロ

この回路に流れる電流は$I = \dfrac{V}{R}$ より、$I = \dfrac{100 + 100}{20 + 30} = \dfrac{200}{50} = \mathbf{4}$ (A)

30Ω部分に加わる電圧は、$V = IR$ より、$V = 4 \times 30 = \mathbf{120}$ (V)

したがってa－b間の電圧は、$V = 120 - 100 = \mathbf{20}$ (V)

解答9-9

ハ

スイッチSを閉じると、電流はスイッチSに流れ、30Ω抵抗には流れ
ず、右図のようになります。

また、端子aの抵抗30Ωには電流は流れないので、a－b端子間の電圧
は縦の30Ωに加わる電圧と等しくなります。

この回路に流れる電流は$I = \dfrac{V}{R}$から、

$$I = \frac{100}{30 + 30} = \frac{100}{60} = \frac{5}{3}\,(A)$$

30Ωに加わる電圧は、$V = IR$より、

$$V = \frac{5}{3} \times 30 = 50\,(V)$$

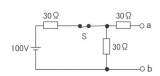

解答9-10

ハ

右側並列部分（4Ωと4Ω）の合成抵抗は、$\dfrac{4 \times 4}{4 + 4} = \dfrac{16}{8} = 2\,(\Omega)$

次に、2Ωと2Ωの直列部分の合成抵抗は、$2 + 2 = 4\,(\Omega)$

右側部分4Ω2つの並列部分の合成抵抗は、$\dfrac{4 \times 4}{4 + 4} = \dfrac{16}{8} = 2\,(\Omega)$

この回路に流れる電流は$I = \dfrac{V}{R}$より、$\dfrac{16}{2 + 2} = 4\,(A)$

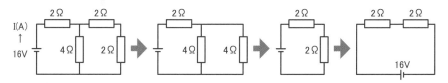

解答9-11

ニ

発熱量は、$Q = 3600Pt$に代入すると、$Q = 3600 \times 0.3 \times 2 = \mathbf{2160}\,(KJ)$

解答9-12

ニ

接続点の接触抵抗による電力は、$P = I^2R$より、

$$P = 10 \times 10 \times 0.2 = 20\,(W) = \mathbf{0.02}\,(KW)$$

1時間に発生する熱量は、$Q = 3600Pt$より、

$$Q = 3600 \times 0.02 \times 1 = \mathbf{72}\,(KJ)$$

第9章 04 交流回路の基本

交流回路では、**電圧や電流が常に一定の直流**とは異なり、下図のように一定の周期で電圧と電流の大きさと向きが変化します。

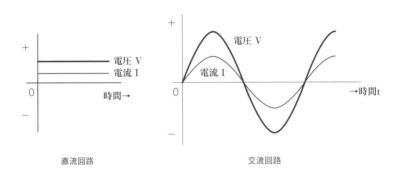

直流回路 　　　　　　　　　　　　　　交流回路

正弦波交流

正弦波交流は、**家庭で使用している交流電気の波形**です。下図のように、極性が交互に入れ替わります。上昇と下降の1回の繰り返しを1周波といい、1周波（0→プラス→0→マイナス→0）にかかる時間を**1周期（s）**といいます。また、**1秒間に繰り返す周波の数を周波数（Hz）**といいます。例えば、1秒間に50回正弦波を繰り返すと、周波数は50Hzになります。

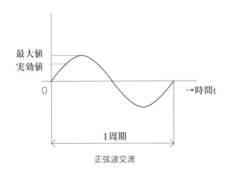

正弦波交流

　なお、交流の電圧や電流の大きさは**実効値**で表し、交流回路の計算にも**実効値**を用います。また、実効値と最大値には次の関係があります。

$$実効値 = \frac{最大値}{\sqrt{2}} \qquad 最大値 = \sqrt{2} \times 実効値$$

　例えば、**実効値100V**の正弦波交流電圧の最大値は、$\sqrt{2} \times 100 = 1.41 \times 100 =$ **141V**になります。

基本回路

　直流回路では電気の流れを妨げるものを「**抵抗**」といいましたが（**p.238**）、交流回路では抵抗だけでなく、**コイル**や**コンデンサ**も電気の流れを妨げます。したがって、交流回路ではそれぞれの組合せごとに**位相のずれ**を考慮することになります。
　位相とは「波形」の意味です。**位相のずれ**とは「電圧と電流の時間的な波形のずれ」です。この時間のずれを**位相差**といいます（位相差は角度で表します）。電圧と電流の位相は、ベクトル図を用いて、「→」の向きや角度で表します。

①抵抗回路の場合

　交流回路に抵抗R（Ω）のみを接続すると、次の波形図のように、**電圧と電流には位相差がなく、同時に変化します**（これを「同相」といいます）。回路に流れる電流I（A）は、オームの法則$I = \dfrac{V}{R}$で求めます。

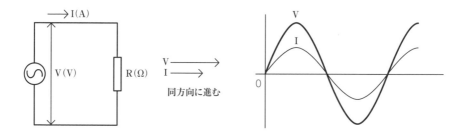

②コイルの回路（誘導性リアクタンス）

　交流回路にコイル（誘導性リアクタンスX_L〔Ω〕）を接続すると、**電圧より90度位相が遅れた電流**が流れます。コイルが交流電流を妨げる働きを「**誘導性リアクタ**

ンス」といいます。回路に流れる電流I_L(A)は、オームの法則($I_L = \dfrac{V}{X_L}$)で求めます。なお、電流が90度遅れるので、ベクトルは水平方向の電圧に対して、下向きに書きます。

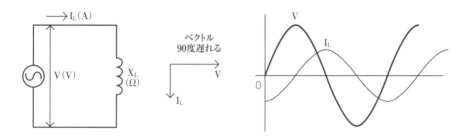

重要! 誘導性リアクタンスを流れる電流は、周波数が高くなると流れにくくなります。周波数は電流に反比例し、誘導性リアクタンスと比例する、ことを覚えてください。

③コンデンサの回路（容量性リアクタンス）

　交流回路にコンデンサ（容量性リアクタンスX_C〔Ω〕）を接続すると、**電圧より90度位相が進んだ電流**が流れます。コンデンサが交流電流を妨げる働きを「**容量性リアクタンス**」といいます。回路に流れる電流I_C(A)は、オームの法則$I_C = \dfrac{V}{X_C}$で求めます。なお、電流が90度進むので、ベクトルは水平方向の電圧に対して、上向きに描きます。

9

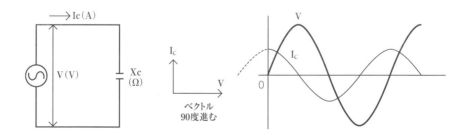

重要! 容量性リアクタンスを流れる電流は、周波数が低くなると流れにくくなります。周波数は電流に比例し、容量性リアクタンスと反比例する、ことを覚えてください。

例　題

コンデンサに $100\,(V)$ $50\,(Hz)$ の交流電圧を加えると $3\,(A)$ の電流が流れた。このコンデンサに $100\,(V)$ $60\,(Hz)$ の交流電圧を加えたときに流れる電流 (A) は。

（平成 11 年）

イ. 　0
ロ. 　2.5
ハ. 　3.0
ニ. 　3.6

この例題は次のように解いていきます。まず、周波数50Hzのときの**容量性リアクタンス Xc_1** は、

$$I_1 = \frac{V}{Xc_1} \text{ より、} \quad Xc_1 = \frac{V}{I_1} = \frac{100}{3}\,(\Omega)$$

容量性リアクタンスは周波数に**反比例**するので、周波数 $60\,(Hz)$ になると、**容量性リアクタンス Xc_2** は、$Xc_1 : Xc_2 = 60 : 50$ となり、よって、

$$Xc_2 = \frac{50}{60} \times Xc_1 = \frac{50}{60} \times \frac{100}{3} = \frac{5000}{180} = \frac{500}{18}\,(\Omega)$$

上記計算結果より、このときに流れる電流は、

$$I_2 = \frac{V}{Xc_2} = 100 \div \frac{500}{18} = 3.6\,(A)$$

よって、**正解は「ニ」**となります。このように、**容量性リアクタンスが周波数に反比例すること**を覚えておけば、解答を導けることがわかります。

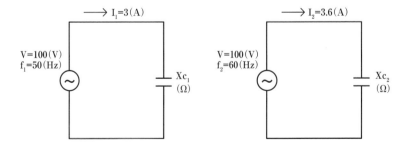

交流の直列回路と並列回路

 直列回路の合成インピーダンス

　抵抗やコイル、コンデンサといった**交流回路の抵抗成分**のことを「**合成インピーダンス**」といいます（単に「**インピーダンス Z**」と表記されることもあります）。

　次図のような、交流回路の抵抗とコイル（誘導性リアクタンス）の**直列接続の合成インピーダンス**は、直流の合成抵抗のように、足し算ではなく次の式で表されます（抵抗とコイルの値の二乗を足して、ルート（$\sqrt{\ }$）で求めます）。

$$合成インピーダンス Z = \sqrt{R^2 + X_L^{\,2}}$$

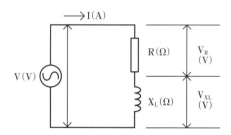

　式を見るだけでうんざりする人もいると思いますが、次のように考えると簡単です。

　上記の合成インピーダンス Z を、**ベクトル図**で表わすと次のようになります。

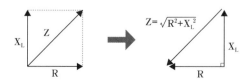

　抵抗を横軸、コイルを**上向き**に描くと、**斜めの線がインピーダンス Z**になります。前ページの図を見るとわかるとおり、合成インピーダンス Z を求める式は「**ピタゴラスの定理（三平方の定理）**」と同じです。直角三角形の斜辺の二乗は、**底辺の二乗＋対辺の二乗と等しい**（斜辺は、底辺の二乗＋対辺の二乗の平方根）ため、直角三角形の三辺の比を覚えておけば、面倒くさい計算をすることなく、合成インピーダンスを求めることができます。

> **重要！** 第2種電気工事士の試験では、複雑な計算が必要な問題は出題されないので、上記の直角三角形の三辺の比を覚えておけば、面倒なルートの計算をせずにすみます。ただし、試験では3：4：5の比率が、6：8：10のような倍数になるなど、少し変えて出されることもあるので覚えておいてください。

　交流の直列回路（抵抗とコイルの直列回路）では、直流の直列回路と比べて、インピーダンス Z の計算のみ求め方が異なるので、次の式を覚えておきましょう。

（ⅰ）合成インピーダンス Z を求める式：合成インピーダンス $Z = \sqrt{R^2 + X_L{}^2}$

（ⅱ）電流を求める式：オームの法則から $I = \dfrac{V}{Z} = \dfrac{V}{\sqrt{R^2 + X_L{}^2}}$

（ⅲ）電圧を求める式：$V = \sqrt{V_R{}^2 + V_{XL}{}^2}$

それでは例題を通して理解を深めていきましょう。

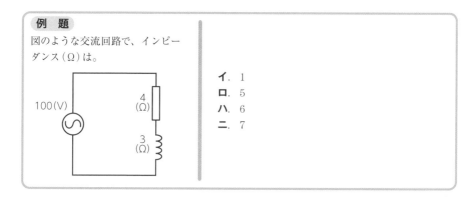

例　題

図のような交流回路で、インピーダンス（Ω）は。

イ. 1
ロ. 5
ハ. 6
ニ. 7

上記のような問題は、次の手順で解いていきます。

解法①

　この問題では、抵抗4（Ω）とコイル3（Ω）の合成インピーダンスZは次の式で求めます。

$$\text{合成インピーダンス}\,Z = \sqrt{R^2 + X_L^2} = \sqrt{4^2 + 3^2} = 5\,(\Omega)$$

よって正解は「**ロ**」となります。

解法②

　（ⅰ）抵抗4Ωを横軸にとる

　（ⅱ）コイルは90度ズレるので、上向きに3Ωをとる

　（ⅲ）求める答えは、右図の斜めの線である5Ωになる

　このように、三角比の3：4：5を覚えておけば、この例題は**計算なし**で解答できます。

　なお、この回路の電流は、オームの法則 $I = \dfrac{V}{R}$ より、R にインピーダンス $Z = 5\,(\Omega)$ を代入して、

$$I = \frac{100}{5} = 20A$$

となります。

重要！　このように、交流回路の合成インピーダンスは、ピタゴラスの定理を覚えておくだけで簡単に解答できます。√を見ただけで逃げ出す必要はありません。文字式の問題の場合は、数式を丸覚えすることで対処してください。

 ## 消費電力と力率

　交流回路では、抵抗とともにコイルやコンデンサを含んでいますが、**電力を消費するのは抵抗だけです**。そのため回路に供給された電力（皮相(ひそう)電力といいます）に対し、実際に消費した電力（**有効電力**または**消費電力**といいます）とは大きさに違いが生じます。この皮相電力に対する有効電力の割合を**力率**といい、$\cos\theta$ で表します。

$$力率 = \frac{有効電力（消費電力）}{皮相電力} = \cos\theta$$

　交流回路では、抵抗だけが電力を消費するので、有効電力（消費電力）P（W）は、次のように電圧 V（V）×電流 I（A）×力率 $\cos\theta$ で求められます。

$$P = VI\cos\theta \ (W)$$

　力率 $\cos\theta$ は、合成インピーダンスに対する抵抗なので、先ほどのベクトルで考えると「**斜め（合成インピーダンスの）分の横（抵抗）**」です。つまり、力率は次図の計算をすれば解答できます。

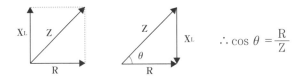

　よって、前ページの例題の力率は、$\frac{4}{5} = 0.8 = $ **80%**になります。

交流の並列回路の合成電流

交流の並列回路の計算問題の考え方は、前項で解説した合成インピーダンスの場合と同じです（p.261）。**ピタゴラスの定理（三平方の定理）を覚えておけば解答できます**。違いは、直列回路は**合成抵抗値（Ω）**で求めましたが、並列回路は合成電流値**（A）**から求めます。それでは抵抗とコイルの関係および抵抗とコンデンサの関係それぞれについて解説していきます。

①抵抗とコイル（誘導性リアクタンス）の並列回路

図のような交流回路の抵抗とコイル（誘導性リアクタンス）の並列接続の**合成電流I**は、直流の合成抵抗のような$\dfrac{積}{和}$ではなく、前項同様、次の式で表されます。

$$合成電流 I = \sqrt{{I_R}^2 + {I_{XL}}^2}$$

抵抗とコイルに流れる電流値の二乗を足して、ルート（$\sqrt{}$）で求めます。ベクトルで考える場合は、回路全体の電流Iは下図Iになります。

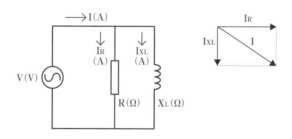

②抵抗とコンデンサ（容量性リアクタンス）の並列回路

　図のような交流回路の抵抗とコンデンサ（容量性リアクタンス）の並列接続の合成電流Iは、直流の合成抵抗のような $\dfrac{積}{和}$ ではなく、前項同様、次の式で表されます。

$$合成電流 I = \sqrt{I_R{}^2 + I_{XC}{}^2}$$

　抵抗とコンデンサに流れる電流値の二乗を足して、ルート（$\sqrt{}$）で求めます。ベクトルで考える場合は、合成電流Iは下図Iになります。

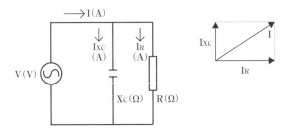

　①②ともベクトルで考えるほうが簡単です。計算方法は直列回路の場合と同じですので、例題を通してみていきましょう。

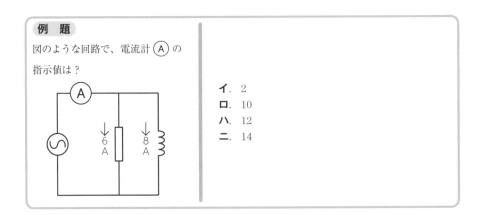

例　題

図のような回路で、電流計 Ⓐ の指示値は？

イ．　2
ロ．　10
ハ．　12
ニ．　14

上記の例題は次の手順で解いていきます。

解法①

この問題では、抵抗6（A）とコイル8（A）の合成電流Iは次の式で求めます。

$$合成電流 I = \sqrt{I_R{}^2 + I_{XL}{}^2} = \sqrt{6^2 + 8^2} = 10（A）$$

よって、正解は「ロ」になります。

解法②

（ⅰ）抵抗を通る電流6Aを横軸に描く

（ⅱ）コイルを通る電流8Aを下向きに描く

（ⅲ）求める答えは、斜め線10A。よって正解は「ロ」

💡 ③力率の改善

　交流回路では、コイルがあると電圧と電流の位相のずれが生じるため、**力率が悪くなります**。電圧と電流に時間のずれが大きいほど力率が悪く、流れる電流も大きくなります。

　力率が低いときは、**コンデンサを負荷と並列につないで力率を改善します**。力率を改善すると回路に流れる**電流が減少**します。

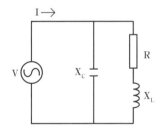

> メモ…🖉 コンデンサを設置して力率を100％にすると、抵抗負荷に流れる**コイル成分の遅れ電流とコンデンサの進み電流が打ち消しあって0**になります。すると、電流計に流れる電流は抵抗成分の電流のみになるので、コンデンサ設置前と比べ、**電流は減少します**。

（解答・解説は p.271）

交流回路の基本に関する問題

問題9-13
実効値が210（V）の正弦波交流電
圧の最大値（V）は。

（平成19年）

イ．　210
ロ．　296
ハ．　363
ニ．　420

問題9-14
最大値が148（V）の正弦波交流電
圧の実効値（V）は。

（平成26年）

イ．　85
ロ．　105
ハ．　148
ニ．　209

問題9-15
コイルの100（V）、50（Hz）の交流
電圧を加えたら6（A）の電流が流れ
た。このコイルに100（V）、60（Hz）
の交流電圧を加えたときに流れる
電流（A）は。ただし、コイルの抵
抗は無視できるものとする。

（平成21年、平成25年、平成27年、令和4年）

イ．　2
ロ．　3
ハ．　4
ニ．　5

交流の直列回路と並列回路に関する問題

問題9-16
図のような交流回路の力率（%）を
示す式は。

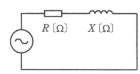

R〔Ω〕　X〔Ω〕

（平成23年、令和2年、令和4年）

イ． $\dfrac{100R}{\sqrt{R^2 + X^2}}$ 　 ロ． $\dfrac{100RX}{R^2 + X^2}$

ハ． $\dfrac{100R}{R + X}$ 　 ニ． $\dfrac{100X}{\sqrt{R^2 + X^2}}$

解答

　問題9-13 ロ　　**問題9-14** ロ　　**問題9-15** ニ　　**問題9-16** イ

問題 9-17

図のような交流回路において、抵抗8〔Ω〕の両端
の電圧 V〔V〕は。

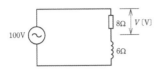

(平成24年、平成29年、令和元年、令和4年)

イ. 43
ロ. 57
ハ. 60
ニ. 80

問題 9-18

図のような交流回路で、電源電圧102〔V〕、抵抗
の両端の電圧が90〔V〕、リアクタンスの両端の電
圧が48〔V〕であるとき、負荷の力率〔%〕は。

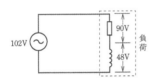

(平成26年、平成28年、令和5年)

イ. 47
ロ. 69
ハ. 88
ニ. 96

問題 9-19

図のような交流回路で、負荷に対してコンデンサ
Cを設置して、力率を100〔%〕に改善した。この
ときの電流計の指示値は。

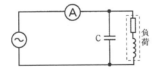

(平成25年、平成29年)

イ. 零になる
ロ. コンデンサ設置前と比べて増加
する
ハ. コンデンサ設置前と比べて減少
する
ニ. コンデンサ設置前と比べて変化
しない

問題 9-20

単相200〔V〕の回路に、消費電力2.0〔KW〕、力
率80〔%〕の負荷を接続した場合、回路に流れる
電流〔A〕は。

(平成24年、平成25年、平成26年)

イ. 5.8
ロ. 8.0
ハ. 10.0
ニ. 12.5

解 答

問題9-17 ニ   問題9-18 ハ   問題9-19 ハ   問題9-20 ニ

問題9-21

図のように、遅れ力率の負荷に対してコンデンサCを設置して、力率を100（％）に改善した。このときの負荷両端の電圧（V）は。ただし、rは電線の抵抗である。

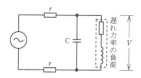

（平成21年、平成23年）

イ．コンデンサ設置前と比べて高くなる

ロ．コンデンサ設置前と比べて低くなる

ハ．コンデンサ設置前と比べて変化しない

ニ．零になる

問題9-22

図のような回路で、抵抗に流れる電流が6（A）、リアクタンスに流れる電流が8（A）であるとき、回路の力率（％）は。

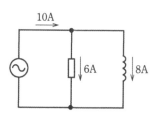

（平成16年、平成22年）

イ．43

ロ．60

ハ．75

ニ．80

問題9-23

図のような回路で、抵抗Rに流れる電流が4（A）、リアクタンスXに流れる電流が3（A）であるとき、この回路の消費電力（W）は。

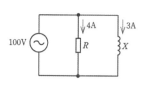

（平成24年、令和5年）

イ．300

ロ．400

ハ．500

ニ．700

解答

問題9-21 イ　　**問題9-22** ロ　　**問題9-23** ロ

解 答 ・ 解 説

解答9-13
ロ

最大値 $= \sqrt{2} \times$ 実効値なので、最大値 $= \sqrt{2} \times 210 = 1.41 \times 210 = 296.1$
$\fallingdotseq \textbf{296}$

解答9-14
ロ

実行値 $= \dfrac{\text{最大値}}{\sqrt{2}}$ なので、実行値 $= \dfrac{148}{\sqrt{2}} = \dfrac{148}{1.41} = 104.96 \fallingdotseq \textbf{105}$

解答9-15
ニ

周波数50 (Hz) のときの誘導性リアクタンスは、$X_L = \dfrac{100}{6} = \dfrac{50}{3}$ (Ω)

誘導性リアクタンスは周波数に比例するので、

$$50 : 60 = \frac{50}{3} : \langle 60\text{Hz}\text{の誘導性リアクタンス} \rangle$$

$$\langle 60\text{Hz}\text{の誘導性リアクタンス} \rangle = 60 \times \frac{50}{3} \div 50 = \frac{3000}{150} = \textbf{20} \text{ (Ω)}$$

となります。このため、このとき流れる電流は、$I = \dfrac{V}{R}$ より、

$$I = \frac{100}{20} = \textbf{5 (A)}$$

解答9-16
イ

この回路のインピーダンス Z は、$Z = \sqrt{R^2 + X^2}$

力率は $\cos \theta = \dfrac{R}{\sqrt{R^2 + X^2}} \times 100 = \dfrac{100R}{\sqrt{R^2 + X^2}}$

解答9-17
ニ

この回路のインピーダンス Z は次の手順で算出
できます。

（ⅰ）抵抗 8 Ω を横軸にとる

（ⅱ）コイルは90度ずれるので上向きに 6 Ω とる

（ⅲ）右図の斜めの線（インピーダンス Z）は 10 Ω になる

この回路に流れる電流は、$I = \dfrac{V}{Z}$ より、$I = \dfrac{100}{10} = \textbf{10 (A)}$

抵抗 8 Ω に加わる電圧は、$V = IR$ より、$V = 10 \times 8 = \textbf{80 (V)}$

メモ... ✎ **インピーダンス Z は次の計算式で求めることもできます。**
$$\sqrt{R^2 + X_L{}^2} = \sqrt{8^2 + 6^2} = \sqrt{64 + 36} = \sqrt{100} = \textbf{10 (Ω)}$$

解答 9-18
ハ

力率は $\dfrac{横}{斜め}$ なので、求める答えは、$\cos\theta = \dfrac{90}{102} = 0.88\,(88\%)$

または、力率 $\cos\theta = \dfrac{R}{Z} = \dfrac{IR}{IZ} = \dfrac{V_R}{V} = \dfrac{90}{102} = 0.88\,(88\%)$

解答 9-19
ハ

コンデンサを設置して**力率を 100%** にすると、抵抗負荷に流れる**コイル成分の遅れ電流**と**コンデンサの進み電流**が打ち消しあって **0** になります。すると、電流計に流れる電流は**抵抗成分の電流のみ**になるので、コンデンサ設置前と比べ、電流は減少します。

解答 9-20
ニ

単相交流の電力を求める式 $P = VI\cos\theta$ より、

$$I = \dfrac{P}{V\cos\theta} = \dfrac{2000}{200 \times 0.8} = 12.5\,(\mathrm{A})$$

解答 9-21
イ

遅れ負荷電流（抵抗とコイルの回路に流れる電流）にコンデンサを接続すると**負荷電流が減少**します。すると抵抗 r の電圧降下が小さくなるため、負荷両端の電圧 V は**高く**なります。

解答 9-22
ロ

回路の力率は、$\cos\theta = \dfrac{I_R}{I} = \dfrac{6}{10} = 0.6\,(60\%)$

$\dfrac{抵抗に流れる電流}{回路に流れる電流}$ が求める力率 $= \dfrac{横}{斜め}\left(\dfrac{R}{Z}\right)$ になります。

解答 9-23
ロ

交流回路では、電力を消費するのは抵抗だけで、コイルは電力を消費しません。
したがって、消費電力は、$P = VI$ より、$P = 100 \times 4 = 400\,(\mathrm{W})$

 やっぱり計算問題は大変ですね。数式が複雑なので苦労してしまいます。

 慣れないうちはとても大変ですが、行っている計算自体はそれほど複雑ではないので、いったん慣れてしまえば確実に得点できるようになりますよ！

第9章
06 三相交流回路

　三相交流とは、**単相交流の位相を120度ずつずらして組み合わせた回路**です。発電所から送電される電気は、電線3本を使用する三相交流です。

　三相交流の電気は主に工場やビルなどで使用されます。本書では、三相交流を利用する電動機として「三相誘導電動機」を紹介しましたが**(p.57)**、三相交流の結線方法には、**スター結線**と**デルタ結線**の2種類があるので特徴を理解しておいてください。

　三相交流回路に関する問題は毎年のように1問出題されています。本書に掲載している過去問などを参考に、理解を深めておいてください。

スター結線（Y結線）

　スター結線では、**線間電圧・線電流**（図の左側）と、**相電圧・相電流**（図の右側）で次のような関係があります。

- 線間電圧 ＝ $\sqrt{3}$ × 相電圧

- 相電圧 ＝ $\dfrac{\text{線間電圧}}{\sqrt{3}}$

- 線電流 ＝ 相電流

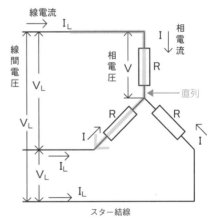

スター結線

> **覚え方!**
> 図の右側を「相」といいます。相の抵抗を見ると直列につながっていることがわかります。
> 直列の場合、**電流は一定**なので、線間電圧 ＝ $\sqrt{3}$ × 相電圧 となります。

デルタ結線（Δ結線）

デルタ結線では、**線間電圧・線電流**（図の左側）と、**相電圧・相電流**（図の右側）で次の関係があります。

- 線間電圧＝相電圧
- 線電流＝$\sqrt{3}$×相電流
- 相電流＝$\dfrac{線電流}{\sqrt{3}}$

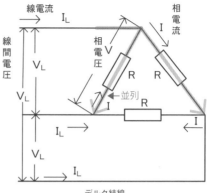

デルタ結線

覚え方！

図の右側を「相」といいます。相の抵抗を見ると2つに分かれて並列につながっていることがわかります。

並列の場合、**電圧は一定**なので、線電流＝$\sqrt{3}$×相電流となります。

三相交流回路の消費電力

三相交流回路の消費電力はスター結線およびデルタ結線、どちらの場合も次の式で表します。

$$P = \sqrt{3} \times 線間電圧 \times 線電流 \times \cos\theta \text{（W）}$$
$$P = 3 \times 相電圧 \times 相電流 \times \cos\theta \text{（W）}$$

また、電力量Wは三相電力P（W）と時間 t（hまたはs）で求めます。

$$W = Pt \text{（W・h）、または（W・s）}$$

それでは上記に関して理解を深めるために、例題を1つ解いてみましょう。

例　題

図のような三相三線式200 (V) の線路で、b-o 間の抵抗が断線した場合、断線後のa-o 間の電圧は断線前の何倍になるか。

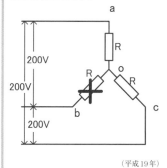

イ. 0.50
ロ. 0.58
ハ. 0.87
ニ. 1.15

(平成19年)

この例題は次の手順で解いていきます。

（ⅰ）断線前のa-o間の電圧 V_1 は、$V_1 = \dfrac{200}{\sqrt{3}}$ (V)（線間電圧 $=\sqrt{3}\times$ 相電圧）

（ⅱ）断線後のa-o間の電圧 V_2 は、図から $V_2 = \dfrac{200}{2} = 100$ (V)

（ⅲ）したがって $\dfrac{断線後}{断線前}$ は、

$$\frac{V_2}{V_1} = 100 \div \frac{200}{\sqrt{3}}$$

$$= 100 \times \frac{\sqrt{3}}{200}$$

$$= \frac{\sqrt{3}}{2}$$

$$= \frac{1.73}{2} = 0.865$$

よって、「ハ」が正解

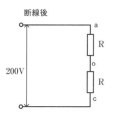

断線後

9

重要！このように、この手の問題は、スター結線とデルタ結線の「線間電圧と相電圧」および「線電流と相電流」の関係を覚えておかないと計算問題を解くことができません。ですので、必ず覚えておいてください。
また、三相交流回路の消費電力と電力量を求める式も大変重要です。

なお、参考までに、断線した場合の回路図はそれぞれ次のようになります。
スター結線（Y結線）では、3本のうちのどの1線が断線しても、**単相2線式の直列回路**になります。

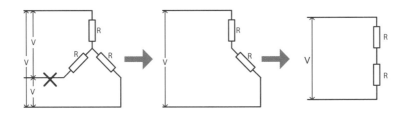

一方、**デルタ結線（Δ結線）**では、3本のうちのどの1線が断線しても、**単相2線式の並列回路**になります。

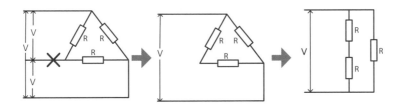

三相交流回路の文字式まとめ

文字式は、計算が苦手な人には最難関のカテゴリですが、三相交流の問題ではよく目にします。**どうか文字式を見ただけで問題を放棄せず、取り組んでみてください**。いったん慣れてしまえばどのような問題にも対応できるようになるので、お勧めです。

次表に簡単な早見表を作りましたので参考にしてください。

🔖 三相交流回路の文字式まとめ

	スター結線（Y結線）	デルタ結線（△結線）
回路図		
電流 I を示す式	$\dfrac{V}{\sqrt{3}\,R}$	$\dfrac{\sqrt{3}\,V}{R}$
抵抗 R を示す式	$\dfrac{V}{\sqrt{3}\,I}$	$\dfrac{\sqrt{3}\,V}{I}$
電圧 V を示す式	$\sqrt{3}\,IR$	$\dfrac{IR}{\sqrt{3}}$
消費電力 P を示す式 （V・R）	$\dfrac{V^2}{R}$	$\dfrac{3V^2}{R}$

個別に見ると複雑な文字式ですが、上記のように一覧表にして見ると、似た式が並んでいることがわかりますね。基本となる仕組みを理解しておけば、必ず計算できるようになりますので、ぜひとも諦めずに読み進めてください。

解説はここまでです。次ページに良質な過去問を多数掲載しておりますので、計算式に慣れるためにも、実際の試験に出題された過去問を1つずつ解いていってください。

精選過去問題 & 完全解答

（解答・解説は p.280）

三相交流回路に関する問題

問題9-24

図のような三相3線式回路に流れる電流 I〔A〕は。

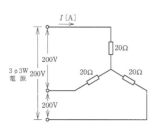

（平成24年、令和3年）

イ．5.0
ロ．5.8
ハ．8.7
ニ．10.0

問題9-25

図のような三相負荷に三相交流電圧を加えたとき、各線に15〔A〕の電流が流れた。線間電圧 E〔V〕は。

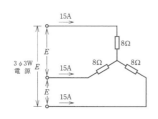

（平成20年、平成23年）

イ．120
ロ．169
ハ．208
ニ．240

解 答

　問題9-24 ロ　　　**問題9-25** ハ

問題9-26

図のような三相3線式回路の全消
費電力（KW）は。

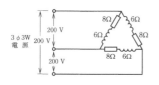

イ. 2.4

ロ. 4.8

ハ. 9.6

ニ. 19.2

（令和元年、令和4年、令和5年）

問題9-27

図のような三相3線式200（V）の回
路で、c－o間の抵抗が断線した。
断線前と断線後のa－o間の電圧V
の値（V）の組合せとして、正しい
ものは。

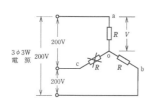

イ. 断線前：116　　断線後：100

ロ. 断線前：116　　断線後：116

ハ. 断線前：100　　断線後：116

ニ. 断線前：100　　断線後：100

（平成25年、平成29年、令和3年）

問題9-28

図のような電源電圧E（V）の三相3
線式回路で、×印点で断線すると、
断線後のa－b間の抵抗R（Ω）に
流れる電流I（A）は。

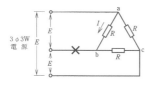

イ. $\dfrac{E}{2R}$　　**ロ**. $\dfrac{E}{\sqrt{3}R}$

ハ. $\dfrac{E}{R}$　　**ニ**. $\dfrac{3E}{2R}$

（平成23年）

解答

問題9-26　ハ　　問題9-27　イ　　問題9-28　イ

解 答・解 説

解答9-24

ロ

スター結線では、**線間電圧＝$\sqrt{3}$ ×相電圧**なので、

$$相電圧 = \frac{線間電圧}{\sqrt{3}} = \frac{200}{\sqrt{3}}$$

線電流＝相電流は、$I = \dfrac{V}{R}$ より、

$$\frac{200}{\sqrt{3}} \div 20 = \frac{200}{20\sqrt{3}} = \frac{10}{1.73} = 5.78 ≒ \mathbf{5.8\,(A)}$$

解答9-25

ハ

スター結線の回路では、線電流＝相電流なので、相電圧 V＝IR より、

$$15 \times 8 = \mathbf{120\,(V)}$$

また、線間電圧 E＝相電圧×$\sqrt{3}$ より、

$$120 \times 1.73 = 207.6 ≒ \mathbf{208\,(V)}$$

解答9-26

ハ

抵抗8Ωとコイル（誘導性リアクタンス）6ΩのインピーダンスZは、

$$Z = \sqrt{8^2 + 6^2} = \sqrt{100} = \mathbf{10\,(\Omega)}$$

デルタ結線では線間電圧＝相電圧なので、相電流Iは、

$$I = \frac{V}{Z} = \frac{200}{10} = \mathbf{20\,(A)}$$

したがってこの回路の消費電力は、

$$P = 3I^2R = 3 \times 20 \times 20 \times 8 = 9600\,(W) = \mathbf{9.6\,(KW)}$$

解答9-27

イ

断線前のa－o間の電圧は、

$$V = \frac{線間電圧}{\sqrt{3}} = \frac{200}{\sqrt{3}}$$

$$= \mathbf{115.6\,(≒ 116)\,(V)}$$

断線後の回路は右図となるため、a－o間
の電圧は、

$$200 \div 2 = \mathbf{100\,(V)}$$

解答9-28

イ

断線後の回路は右図のようになります。

a－b－c間の2Rの抵抗に対して電圧Eが
かかります。

したがって、電流は $I = \dfrac{E}{2R}\,(A)$ となります。

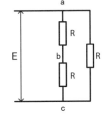

もうひと踏ん張りです！

配電理論を学ぶ

配電の基本

いよいよ最終章です。ここまで読み進めていただきありがとうございます。もうひと踏ん張りで終わりますので、気持ちを新たにして読み進めてください。

この章では、**配電の基本**を学びます。本章で紹介する**電圧降下**や**電力損失**は、前章で解説した「オームの法則」(**p.241**) をきちんと理解していれば、問題なく読み進められると思います。もし苦手である場合は、本章後半の「幹線の設計」に掲載している公式を覚えて、解答できるようになってください。試験では、本章の範囲から5～6問出題されています。

 ## 電圧の種別と電気方式

 ### 電圧の種別

第8章「電気設備技術基準」でも解説しましたが、電圧は次の3つに区分されています。もう一度確認しておきましょう。

👑 電圧の区分

区分	直流	交流
低圧	750V 以下	600V 以下
高圧	750V を超え 7000V 以下	600V を超え 7000V 以下
特別高圧	7000V を超える	

 ### 電気方式

電気は**送電線**で発電所から電力会社の変電所まで送られます。そして、その電気は**配電線**を通して、電力会社の変電所から各家庭やビル、工場などに送られます。

配電線には**高圧配電線**と**低圧配電線**があり、**変電所から電柱の変圧器まで**は高圧配電線 (6000V) が用いられ、電柱から家庭やビル、工場、商店など (**需要家**といいます) へは、低圧配電線 (変圧器で100～200Vに変換) が用いられます。

各需要家に届けられる主な**電気方式**には、次の3つの方式があります。なお、φ

は相（Phase）、Wは線式（Wire）を表しています。

単相2線式（1φ2W 100V・1φ2W 200V）

　単相2線式は、一般家庭で使用する電気方式です。電灯器具、コンセントなどの電源として利用します。

- 線間電圧：100V（200V）
- 対地電圧：100V（200V）

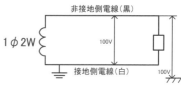

単相3線式（1φ3W 100/200V）

　単相3線式は、最近では一般家庭でも使用されることが多くなった電気方式です。100Vは電灯器具、コンセント、200VはエアコンやIHヒーターなどの負荷の大きい機器の電源として利用します。

- 線間電圧：100V/200V
- 対地電圧：100V

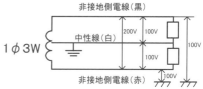

三相3線式（3φ3W 200V）

　三相3線式は、ビルや工場などで使用される電気方式です。三相誘導電動機や電熱器などの電源として利用します。

10

- 線間電圧：200V
- 対地電圧：200V

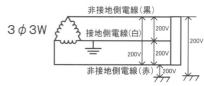

重要!

各電気方式の線間電圧と対地電圧をしっかり押さえておきましょう！

電圧降下と電力損失

　電線には、わずかながらも**電気抵抗**があります。電源から負荷まで電流が流れると、電線の長さや太さといった、電線が持つ抵抗のために**電圧は低下**します。このような、電線の抵抗による電圧の低下のことを「電圧降下」といいます。また、抵抗によって無駄に消費する電力を「電力損失」といいます。

　それぞれの電気方式での電圧降下と電力損失を確認していきます。

単相2線式

　単相2線式は**2本の電線**で電気を送ります。1線あたりの電圧降下を求めて、2倍すると全体の電圧降下になります。

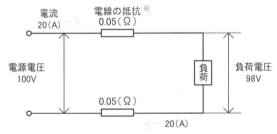

※電線の抵抗は小文字rで表します。

　1線あたりの**電圧降下**は、オームの法則より、$V = Ir$（V）となるので、全体の電圧降下 $V = 2Ir$（V）は、

$$V = 2Ir \text{（V）}$$
$$= 2 \times 20 \text{（A）} \times 0.05 \text{（Ω）}$$
$$= 2 \text{（V）}$$

になります。したがって、

　負荷電圧＝電源電圧 100（V）－電圧降下 2（V）＝ 98（V）

となります。

　電力損失も同様に1本あたりの電力損失を求めて、2倍すると全体の電力損失になります。

　1本あたりの電力損失は、P = VI = I²r (W) なので、全体の電力損失は、

$$P = 2I^2r \ (\text{W})$$
$$ = 2 \times 20^2 \times 0.05$$
$$ = 40 \ (\text{W})$$

になります。負荷の消費電力は、

$$P = VI = 98 \ (\text{V}) \times 20 \ (\text{A}) = 1960 \ (\text{W})$$

となります。

重要！　単相2線式の電圧降下の式「V = 2Ir (V)」と電力損失の式「P = 2I²r (W)」は必ず覚えておいてください。
また、過去問の計算問題を通して、電圧降下と電力損失について理解してください。

メモ…　通常の抵抗は大文字の「R」で表しますが、電線の抵抗は小文字の「r」で表します。

10

例　題

図のような単相2線式回路で、C − C′ 間の電圧は100 (V) であった。A − A′ 間の電圧 (V) は。ただし、rは1線あたりの抵抗とし、負荷の力率は100 (%) とする。

(平成25年)

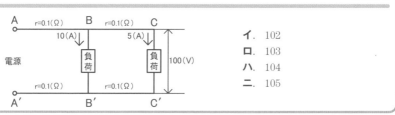

上記の例題は次のように解いていきます。

（ⅰ）A－B間に流れる電流は、$I_{A-B} = 10 + 5 = 15 (A)$

　　　B－C間に流れる電流は、$I_{B-C} = 5A$

（ⅱ）全体の電圧降下は$V = 2I_{A-B}r + 2I_{B-C}r$より、

　　　$= 2 \times 15 (A) \times 0.1 (\Omega) + 2 \times 5 (A) \times 0.1$

　　　$= 3 + 1 = 4 (V)$

（ⅲ）したがって、A－A′の電圧は$100 + 4$より、「ハ」の$104 (V)$

単相3線式

単相3線式の各線の呼称は次図のとおりです。

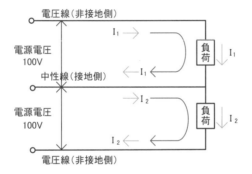

　単相3線式では、**負荷が平衡した場合**（負荷に流れる電流が等しい場合／負荷の大きさが同じ場合）、**中性線には電流が流れません**。

　一方、**負荷が平衡していない場合**（負荷に流れる電流が等しくない場合／負荷の大きさが異なる場合）、中性線には**電圧線（I_1とI_2）の差だけ電流が流れます**。

　この違いを理解すると3線式の電圧降下を理解できます。ここでは個別に1つずつ丁寧に解説していきます。

💧 負荷が平衡した場合

　次図のように**負荷が平衡した場合**、中性線には電流は流れず、電圧降下は生じません。

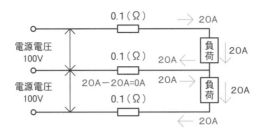

したがって、負荷が平衡した場合の電圧降下と電力損失を求める式は、次のとおりです。

- 電圧降下：$V = Ir = 20 (A) \times 0.1 (\Omega) = 2 (V)$
- 電力損失：$P = 2I^2r = 2 \times 20^2 (A) \times 0.1 (\Omega) = 80 (W)$

負荷が平衡していない場合

負荷が平衡していない場合、中性線には上部の回路に流れる電流（100V/20A）と、下部の回路に流れる電流（100V/10A）の**差の電流**が流れます（下図赤色文字の箇所を参照）。

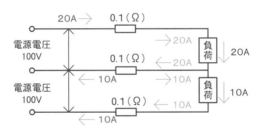

次に各線の電圧降下を求めて、回路ごとに負荷電圧を計算していきます。
電源電圧 − 電圧降下の和 = 負荷電圧ですので、上の100V回路は、

- 上の電圧線の電圧降下：$V = Ir = 20 \times 0.1 = 2 (V)$
- 中性線の電圧降下　　：$V = Ir = 10 \times 0.1 = 1 (V)$
- 負荷電圧　　　　　　：$100 - (2 + 1) = 97 (V)$

下の100V回路は、

- 中性線の電圧降下 : $V = Ir = 10 \times 0.1 = 1$ (V)
- 下の電圧線の電圧降下 : $V = Ir = 10 \times 0.1 = 1$ (V)
- 負荷電圧 : $100 - (-1 + 1) = 100$ (V)

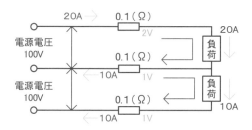

重要! 回路の電圧降下の和を計算するときは、電流の流れ（上図赤線）に注意してください。上の100V回路では電流の流れ（赤線）と同じなので＋（正符号）ですが、下の100V回路では、中性線は電流の流れと逆になるので−（負符号）になります。

また、次図のように、200V電源にも負荷が接続されている場合、中性線は上下の電圧線の電流の差になりますが、上下の電圧線に流れる電流と向きは次のようになります。

- 上の電圧線 : $15A + 20A = 35A$（右向き）
- 下の電圧線 : $10A + 20A = 30A$（左向き）
- 中性線 : $15A - 10A = 5A$ （左向き）

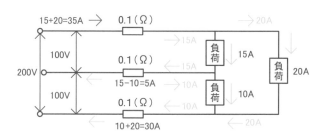

このように、電流は右向きに35A、左向きにも35A (30 + 5) となり、3線全体では差し引き0になります。

単相3線式の計算はとても重要ですので、ここで1つ例題を解いてみましょう。

例　題

図のように負荷が接続されている単相3線式回路において、図中の×印で断線した場合、b-c間の電圧(V)は。ただし、断線によって負荷の抵抗値は変化しないものとする。

(平成21年)

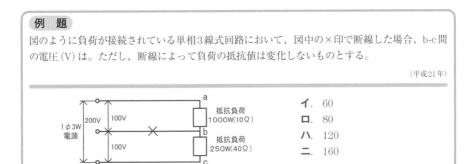

イ. 60
ロ. 80
ハ. 120
ニ. 160

断線後の回路の電流とb-c間の電圧は、

- 電流 $I = \dfrac{V}{R} = \dfrac{200}{10 + 40} = 4 \, (A)$

- 電圧 $V = IR = 4 \, (A) \times 40 \, (\Omega) = 160 \, (V)$

よって、正解は「**ニ**」の160 (V) となります。この例題からもわかるように、単相3線式の回路では、**中性線が断線すると容量が小さい負荷に過電圧がかかる**ため、機器の故障の原因になります。このことから「**中性線にはヒューズを入れてはいけない**」ということもわかります (ヒューズを入れると断線する可能性が生じるため)。

重要! 電圧線が断線したらどうなるか、例題や過去問で確認しておいてください。

10

三相3線式

三相3線式では、**電圧降下と電力損失の公式**を覚えておくだけで大丈夫です。公式は次のとおりです。ここでは下図の回路の場合の値も求めていますので、併せて参照してください。

- 電圧降下：$V = \sqrt{3}\,Ir\,(V)$

$$= \sqrt{3} \times 20\,(A) \times 0.2\,(\Omega)$$

$$= 1.73 \times 20 \times 0.2 = 6.92 \fallingdotseq 7\,(V)$$

- 電力損失：$P = 3I^2r\,(W)$

$$= 3 \times 20^2\,(A) \times 0.2\,(\Omega) = 240\,(W)$$

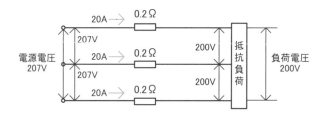

 重要！

三相3線式の回路では、電力損失は1線あたりの3倍になります。

（解答・解説は p.296）

配電の基本に関する問題

問題10-1

図のような単相2線式回路で、c－c'間の電圧が100〔V〕のとき、a－a'間の電圧〔V〕は。ただし、rは電線の抵抗〔Ω〕とする。

（平成25年）

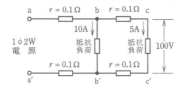

イ． 100
ロ． 102
ハ． 103
ニ． 104

問題10-2

図のような単相2線式回路で、a－a'間の電圧〔V〕は。ただし、rは電線の抵抗〔Ω〕とする。

（平成23年）

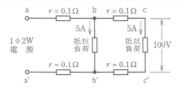

イ． 102
ロ． 103
ハ． 104
ニ． 105

問題10-3

図のように、電線のこう長 L〔m〕の配線により、消費電力1000〔W〕の抵抗負荷に電力を供給した結果、負荷の両端の電圧は100〔V〕であった。配線における電圧降下〔V〕を表す式として、正しいものは。ただし、電線の電気抵抗は長さ1〔m〕あたりr〔Ω〕とする。

（平成24年）

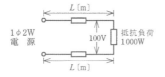

イ． 2rL
ロ． rL
ハ． 10rL
ニ． 20rL

解答

問題10-1 ニ 　　問題10-2 ロ 　　問題10-3 ニ

> メモ...✎ 　問題10-3 の設問にある「こう長（亘長）」とは「電線を敷設する際の2点間距離」のことです。試験では「こう長」という言葉が使われることがあるので覚えておいてください。

問題10-4

図のように、電線のこう長8（m）の配線により、消費電力2000（W）の抵抗負荷に電力を供給した結果、負荷の両端の電圧は100（V）であった。配線における電圧降下（V）は。ただし、電線の電気抵抗は長さ1000（m）あたり3.2（Ω）とする。

（平成22年、令和6年）

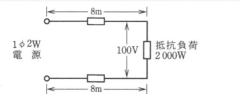

イ. 1
ロ. 2
ハ. 3
ニ. 4

問題10-5

図のような単相2線式回路において、抵抗負荷に10（A）の電流が流れたとき、線路の電圧降下を1（V）以下にするための電線の太さの最小値（mm²）は。ただし、電線の抵抗は、断面積1（mm²）、長さ1（m）当たり0.02（Ω）とする。

（平成24年）

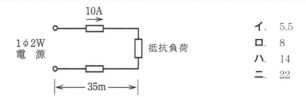

イ. 5.5
ロ. 8
ハ. 14
ニ. 22

重要！ 　問題10-5 は、第9章で解説した電線の抵抗 $R = \rho \times \dfrac{L}{A}$ の公式で解きます。

解答

　問題10-4　イ　　　問題10-5　ハ

問題10-6

図のような単相3線式回路において、電線1線当たりの抵抗が0.1（Ω）のとき、a−b間の電圧（V）は。

（平成25年、令和4年）

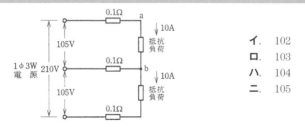

イ. 102

ロ. 103

ハ. 104

ニ. 105

問題10-7

図のような単相3線式回路において、電線1線当たりの抵抗が0.1（Ω）、抵抗負荷に流れる電流がともに10（A）のとき、この電線路の電力損失（W）は。

（平成24年）

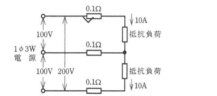

イ. 10

ロ. 20

ハ. 30

ニ. 40

問題10-8

図のような単相3線式回路で、電流計Ⓐの指示値が最も小さいものは。ただし、Ⓗは定格電圧100（V）の電熱器である。

（平成25年）

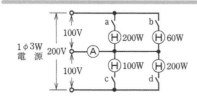

イ. スイッチa、bを閉じた場合

ロ. スイッチc、dを閉じた場合

ハ. スイッチa、dを閉じた場合

ニ. スイッチa、b、dを閉じた場合

10

解答

問題10-6 ハ　　問題10-7 ロ　　問題10-8 ハ

問題10-9

図のような単相3線式回路において、消費電力125（W）、500（W）の2つの負荷はともに抵抗負荷である。図中の×印点で断線した場合、a－b間の電圧（V）は。ただし、断線によって負荷の抵抗値は変化しないものとする。

（平成24年、平成28年）

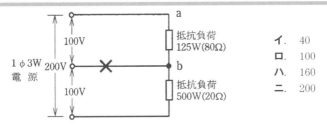

イ．　40

ロ．　100

ハ．　160

ニ．　200

問題10-10

図のような単相3線式回路において、ab間の電圧（V）、bc間の電圧（V）の組合せとして、正しいものは。ただし、負荷は抵抗負荷とする。

（平成17年）

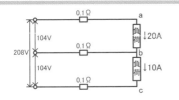

イ．　ab間：101　　　bc間：100

ロ．　ab間：103　　　bc間：104

ハ．　ab間：102　　　bc間：103

ニ．　ab間：101　　　bc間：104

問題10-11

図のような単相3線式回路において、ab間の電熱器Ⓗ1KWの発熱量が断線した場合、a、b、cの各線に流れる電流の値（A）の組合せで、正しいものは。

（平成16年）

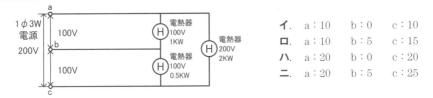

イ．　a：10　　b：0　　c：10

ロ．　a：10　　b：5　　c：15

ハ．　a：20　　b：0　　c：20

ニ．　a：20　　b：5　　c：25

解答

問題10-12

図のような三相3線式回路で、電線1線当たりの抵抗が0.15（Ω）、線電流が10（A）のとき、電圧降下（Vs − Vr）（V）は。

（平成26年、令和元年）

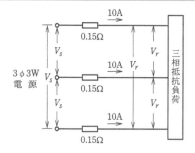

イ. 1.5

ロ. 2.6

ハ. 3.0

ニ. 4.5

- -

問題10-13

図のような三相3線式回路で、電線1線当たりの抵抗が0.1（Ω）、線電流が20（A）のとき、この電線路の電力損失（W）は。

（平成23年）

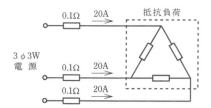

イ. 40

ロ. 80

ハ. 100

ニ. 120

- -

問題10-14

図のような三相3線式回路で、電線1線当たりの抵抗が r（Ω）、線電流が I（A）であるとき、電圧降下（Vs − Vr）（V）を示す式は。

（平成23年）

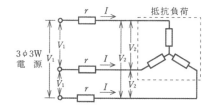

イ. $\sqrt{3}\,I^2r$

ロ. $\sqrt{3}\,Ir$

ハ. $2Ir$

ニ. $2\sqrt{3}\,Ir$

10

- -

解答

問題10-12 ロ　　問題10-13 ニ　　問題10-14 ロ

解 答 ・ 解 説

解答10-1

ニ

a − b 間に流れる電流は、10 + 5 = **15（A）**

a − b 間の電圧降下は V_{ab} = Ir = 15 × 0.1 = **1.5（V）**

b − c 間に流れる電流は **5（A）**

b − c 間の電圧降下は V_{bc} = 5 × 0.1 = **0.5（V）**

この回路の電圧降下は 1 線の 2 倍なので、V_{ac} = 2 × (1.5 + 0.5) = **4（V）**

よって、求める電源の電圧は、100 + 4 = **104（V）**

解答10-2

ロ

この回路の電圧降下は V = 2Ir = 2 × (10 × 0.1 + 5 × 0.1) = **3（V）**

したがって、a − a' 間の電圧は 100 + 3 = **103（V）**

解答10-3

ニ

この回路に流れる電流は $I = \dfrac{P}{V} = \dfrac{1000}{100} = $ **10（A）**

電線の電気抵抗は R = **r × L**

この回路の電圧降下は V = 2Ir = 2 × 10 × rL = **20rL**

解答10-4

イ

この回路に流れる電流は $I = \dfrac{P}{V} = \dfrac{2000}{100} = $ **20（A）**

電線の電気抵抗は $r = \dfrac{3.2 × 8}{1000}（\Omega）$

電線の電圧降下は $V = 2Ir = 2 × 20 × \dfrac{3.2 × 8}{1000} = $ **1.024（≒ 1）（V）**

解答10-5

ハ

0.02（Ω）、35m なので、電線の断面積を A（mm²）とすると、電線の抵抗は、

$$R = \rho \cdot \frac{L}{A} = 0.02 × \frac{35}{A} = \frac{0.7}{A}$$

電圧降下は、公式 V = 2Ir より、

$$1 = 2 × 10 × \frac{0.7}{A} = \frac{14}{A}$$

したがって、**A = 14**

解答10-6

ハ

この回路は、負荷が等しいので**平衡**しています。このとき、**中性線には電流は流れない**ので、1 線分の電圧降下を求めれば良いことになります。

求める電圧降下は、V=Ir より、V = 10 × 0.1 = **1（V）**

したがって、a − b 間の電圧は、105 − 1 = **104（V）**

解答10-7

ロ

負荷が平衡している場合の電力損失は、

$$P = 2I^2r = 2 \times 10^2 \times 0.1 = 20 \,(\textbf{W})$$

解答10-8

ハ

負荷が平衡していれば「**中性線に電流は流れない＝電流計の値0**」になります。回路図を見ると、200（W）の電熱器が上下に1つずつあるため、負荷が平衡する（負荷を等しくする）には、aとdのスイッチを閉じます（ONにします）。

重要! 問題10-8 のように、電流計の指示値の最小とスイッチの開閉の問題では、確率的には、すべてのスイッチを閉じること（ONにすること）が正解になる場合が多いです。もし解答を導けない場合の対処方法として覚えておいてください。

解答10-9

ハ

断線後の回路に流れる電流は、$I = \dfrac{V}{R} = \dfrac{200}{80 + 20} = 2 \,(\textbf{A})$

a－b間の電圧は、$V = IR = 2 \times 80 = 160 \,(\textbf{V})$

解答10-10

ニ

負荷が**不平衡**なので各線に流れる電流は下図のようになります。ab間の電圧は、電源電圧104（V）から、a、b各線の電圧降下を差し引いたものです。

$$V_{ab} = 104 - (20 \times 0.1 + 10 \times 0.1) = 101 \,(\textbf{V})$$

次にb－c間の電圧は、

$$V_{bc} = 104 - (-10 \times 0.1 + 10 \times 0.1) = 104 \,(\textbf{V})$$

b－c間の電流の向きを考慮して、正方向（同じ向き）のときは＋、逆方向のときは－にします。

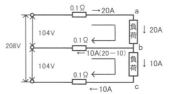

10

解答10-11

□

各電熱器に流れる電流は、$I = \dfrac{P}{V}$ より、

　　a－c間の電熱器：$I = \dfrac{2000}{200} = \mathbf{10\,(A)}$

　　b－c間の電熱器：$I = \dfrac{500}{100} = \mathbf{5\,(A)}$

1KWの電熱器が断線しているので、電線abc各線に流れる電流は、

　　a = **10 (A)**（右方向）

　　b = **5 (A)**（右方向）

　　c：10 + 5 = **15 (A)**（左方向）

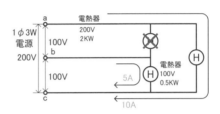

解答10-12

□

三相3線式の電圧降下は、

　　$V = \sqrt{3}\,Ir = \sqrt{3} \times 10 \times 0.15 = 1.73 \times 1.5 = 2.595 ≒ \mathbf{2.60}$

解答10-13

ニ

三相3線式の電力損失は、

　　$P = 3I^2r = 3 \times 20 \times 20 \times 0.1 = \mathbf{120\,(W)}$

解答10-14

□

三相3線式の電圧降下を求める式は、$\mathbf{V = \sqrt{3}\,Ir\,(V)}$ です。

電線の許容電流と
過電流遮断器／漏電遮断器

 ## 電線の許容電流

　第1章で解説したように「**電線とは、銅線などの導体をビニルなどの絶縁物で覆ったもの**」であり、電線には**絶縁電線**、**ケーブル**、**コード**などの種類があります。

　低圧屋内配線で使用するこれらの電線は、**細いほど電気抵抗が増して発熱します**。そのため電線が断線や劣化をしないように、太さごとに**許容電流**が定められています。

①がいし引き配線の場合

　絶縁電線には**単線**と**より線**があり、それぞれの許容電流は次のとおりです。

単線　　　　　　　　　　　　　より線

600V ビニル絶縁電線の許容電流

単線 (mm)	許容電流 (A)	より線 (mm^2)	許容電流 (A)
1.6	27	2	27
2.0	35	3.5	37
2.6	48	5.5	49
3.2	62	8	61

　単線1.6mmの断面積は約2.0mm^2（$0.8 \times 0.8 \times 3.14 = 2.0096$）で、**より線2mm^2**と同じです。このように考えると2.0mmと3.5mm^2、2.6mmと5.5mm^{2}の許容電流がほぼ同じであることもわかります。つまり、どちらか一方の許容電流を覚えておけばよいといえます。

重要!　許容電流を覚えておかないと計算できないので、太さごとにしっかりと数値を覚えておいてください。

②金属管に収める場合

　電線を金属管やPF管に収めると**温度が上昇しやすくなる**ので、電流減少係数を乗じて許容電流を計算します。

金属管

PF管

$$許容電流 ＝ がいし引き配線の許容電流 × 電流減少係数$$

■電流減少係数

同一管内の電線数	電流減少係数
3本以下	0.70
4本	0.63
5〜6本	0.56

重要!　電流減少係数は0.70から0.07ずつ減っていきます。

③600Vビニル絶縁ビニルシースケーブルの場合

　ケーブルの電流減少係数は、金属管に600Vビニル絶縁電線を収めた場合と同様に計算します。

■ケーブルの電流減少係数

ケーブルの心線数	電流減少係数
3本以下	0.7

④コードの許容電流

コードの許容電流は次のとおりです。

🏺 コードの許容電流

断面積 (mm²)	許容電流 (A)
0.75	7
1.25	12
2.0	17

> 許容電流や電流減少係数など、たくさんの数字を覚えるのは苦手です……。

> 確かに大変なのですが、電線の許容電流に関する問題は、毎年ほぼ確実に出題されています。そのため、許容電流の数値を覚えておけば、確実に点数を稼げますので、しっかりと覚えましょう！

 # 過電流遮断器

10

　過電流遮断器は、**電気回路に過電流や短絡電流が流れたときに、自動的に電気回路を遮断して電気回路を保護する装置**です。過電流遮断器には、ヒューズと配線用遮断器（ブレーカ）の2種類があります。

　ヒューズは、過電流が流れた場合に自ら発熱して回路を**溶断**する機器です。一方、**配線用遮断器**は、電磁力などを利用して**開閉器を開く**ことで回路を遮断する機器です。

　ヒューズと配線用遮断器には、それぞれ個別に「**機能が動作するまでの時間**」が定められています。ここでは動作時間などを覚えてください。

ヒューズ

配線用遮断器（ブレーカ）

💡 ①ヒューズ

ヒューズの規格は次のとおりです。

- 定格電流の1.1倍では**溶断**しないこと
- 次の時間内に溶断すること

👆ヒューズの溶断時間

定格電流	溶断時間（分）	
	定格電流の**1.6倍**	定格電流の**2倍**
30A以下	60	2
30Aを超え60A以下	60	4

💡 ②配線用遮断器（ブレーカ）

配線用遮断器の規格は下記のとおりです。

- 定格電流の1倍の電流では**動作しない**こと
- 次の時間内に動作すること

👆配線用遮断器（ブレーカ）の動作時間

定格電流	動作時間（分）	
	定格電流の**1.25倍**	定格電流の**2倍**
30A以下	60	2
30Aを超え50A以下	60	4

重要! ヒューズと配線用遮断器（ブレーカ）の動作時間（溶解時間）は必ず覚えておいてください。

メモ...✍ 単相3線式回路の中性線にヒューズを取り付けると、機器が焼損する恐れがあるため、単相3線式回路の中性線にはヒューズを取り付けることはできません。ヒューズではなく、銅バーなどを施設します。

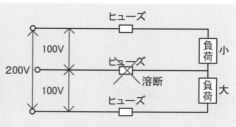

③配線用遮断器（ブレーカ）の極数・素子数

　配線用遮断器には、**2極1素子**や**2極2素子**といった、いくつかの種類があります。**極は開閉器の極数を表し、素子は過電流を感知する素子の数を表します**。素子は、過電流を感知すると**開閉器を開いて電路を遮断**します。

　また、単相3線式100/200Vの分岐回路に配線用遮断器を取り付ける際は、**100V回路**には**2極1素子**、**200V回路**には**2極2素子**のものを取り付けます。

🔋 配線用遮断器の種類

種類	説明
2極1素子（2P1E）	100V分岐回路
2極2素子（2P2E）	200V分岐回路、100V分岐回路にも使用可

　2極1素子の配線用遮断器には、**L**（Line）と**N**（Neutral）の印があり、**素子のないNには白線（接地線）**をつなぎます。素子は過電流を検出して開閉器を動作させます。

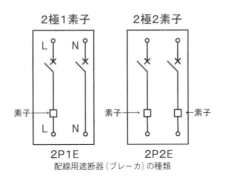

配線用遮断器（ブレーカ）の種類

10

また、単相3線式100V回路では必ず、**中性線**を**N**極に取り付けます。

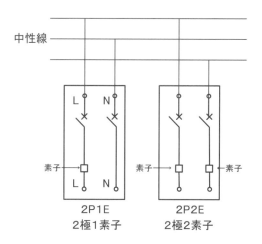

2P1E
2極1素子

2P2E
2極2素子

重要! 分岐回路には、各極に開閉器と過電流遮断器を設置することが原則です。また、2極1素子の配線用遮断器を取り付ける際は、必ず中性線をN極の端子に取り付けます。

 漏電遮断器

 ①漏電遮断器の施設

漏電遮断器は、**漏電（地絡）を検出**して、**電路を自動的に遮断する装置**です。漏電遮断器に関しては、「電技解釈 第36条」に次のような規定があります。

【電技解釈 第36条】
金属製外箱を有する使用電圧が**60（V）**を超える低圧の機械器具に接続する電路には、簡易接触防護措置を施さない場合、電路に地絡を生じたときに自動的に電路を遮断する装置を施設すること

ただし、次の場合には施設を**省略**できます。

- 機械器具を乾燥した場所に施設する場合
- 対地電圧が150V以下の機械器具を水気のない場所に施設する場合
- 機械器具に施されたC種接地工事またはD種接地工事の接地抵抗値が3Ω以下の場合
- 電気用品安全法の適用を受ける二重絶縁構造の機械器具を施設する場合

 重要! 上記の「漏電遮断器を省略できる場合」については、試験でよく出題されますのでしっかりと押さえておいてください。

②漏電遮断器と対地電圧の制限

　基本的に、住宅の対地電圧は**150V以下**にする必要がありますが、**2KW以上**の機械器具を施設する場合に限り、例外規定があります。

　定格消費電力が2KW以上の機械器具を施設する場合で、かつ以下の条件を満たす場合は、対地電圧を**300V以下**にできます。

- 使用電圧を300V以下にすること
- 電気機械器具および屋内の電線に簡易接触防護措置を施すこと
- 電気機械器具を、屋内配線と直接接続して施設すること
- 専用の開閉器、および過電流遮断器を施設すること
- 電気機械器具に電気を供給する電路に、漏電遮断器を施設すること

　上記の条件を満たすものの例として、**三相3線式200V**のエアコンなどが該当します。

 重要! 「2KW以上」であることと、「屋内配線と直接接続する」ことの2点は必ず覚えておいてください。

10

ココが出る！精選過去問題 & 完全解答

（解答・解説は p.309）

電線の許容電流、過電流遮断器／漏電遮断器に関する問題

問題10-15

金属管による低圧屋内配線工事で、管内に直径 1.6（mm）の 600V ビニル絶縁電線（軟銅線）5 本を収めて施設した場合、電線 1 本当たりの許容電流（A）は。ただし、周囲温度は 30（℃）以下、電流減少係数は 0.56 とする。

（平成 21 年、平成 25 年）

イ．　15
ロ．　17
ハ．　19
ニ．　27

問題10-16

金属管による低圧屋内配線工事で、管内に直径 2.0（mm）の 600V ビニル絶縁電線（軟銅線）3 本を収めて施設した場合、電線 1 本当たりの許容電流（A）は。ただし、周囲温度は 30（℃）以下、電流減少係数は 0.70 とする。

（平成 25 年）

イ．　19
ロ．　24
ハ．　33
ニ．　35

問題10-17

合成樹脂製可とう電線管による低圧屋内配線工事で、管内に断面積 5.5（mm²）の 600V ビニル絶縁電線（軟銅線）3 本を収めて施設した場合、電線 1 本当たりの許容電流（A）は。ただし、周囲温度は 30（℃）以下、電流減少係数は 0.70 とする。

（平成 26 年、令和元年）

イ．　26
ロ．　34
ハ．　42
ニ．　49

解答

問題10-15　イ　　　問題10-16　ロ　　　問題10-17　ロ

問題 10-18

低圧屋内配線工事に使用する600Vビニル絶縁ビニルシースケーブル丸形（銅導体）、導体の直径2.0（mm）、3心の許容電流（A）は。ただし、周囲温度は30（℃）以下、電流減少係数は0.70とする。

（平成24年）

イ． 19
ロ． 24
ハ． 33
ニ． 35

問題 10-19

許容電流から判断して、公称断面積0.75（mm²）のゴムコード（絶縁物の種類が天然ゴム混合物）を使用できる最も消費電力の大きな電熱器具は。ただし、電熱器具の定格電圧は100（V）で、周囲温度は30（℃）以下とする。

（平成18年）

イ． 150（W）の電気はんだごて
ロ． 600（W）の電気釜
ハ． 1500（W）の電気湯沸かし器
ニ． 2000（W）の電気乾燥機

問題 10-20

低圧電路に使用する定格電流20（A）の配線用遮断器に40（A）の電流が継続して流れたとき、この配線用遮断器が自動的に動作しなければならない時間（分）の限度（最大の時間）は。

（平成23年、平成26年）

イ． 1
ロ． 2
ハ． 3
ニ． 4

10

問題 10-21

単相3線式100/200（V）屋内配線の住宅用分電盤の工事を施工した。不適切なものは。

（平成21年、平成28年）

イ． ルームエアコン（単相200V）の分岐回路に2極1素子の配線用遮断器を取り付けた
ロ． 電熱器（単相100V）の分岐回路に2極2素子の配線用遮断器を取り付けた
ハ． 主開閉器の中性線に銅バーを取り付けた
ニ． 電灯専用（単相100V）の分岐回路に2極1素子の配線用遮断器を用い、素子のない極に中性線を結線した

解答

問題10-18 ロ　　問題10-19 ロ　　問題10-20 ロ　　問題10-21 イ

問題10-22

低圧の機械器具に簡易接触防護措置を施していない（人が容易に触れるおそれがある）場合、それに電気を供給する電路に漏電遮断器の取り付けが省略できるものは。

(平成25年)

イ. 100（V）ルームエアコンの屋外機を水気のある場所に施設し、その金属製外箱の接地抵抗値が100（Ω）であった

ロ. 100（V）の電気洗濯機を水気のある場所に設置し、その金属製外箱の接地抵抗値が80（Ω）であった

ハ. 電気用品安全法の適用を受ける二重絶縁構造の機械器具を屋外に施設した

ニ. 工場で200（V）の三相誘導電動機を湿気のある場所に施設し、その鉄台の接地抵抗値が10（Ω）であった

問題10-23

住宅の屋内に三相200（V）のルームエアコンを施設した。工事方法として、適切なものは。

ただし、三相電源の対地電圧は200（V）で、ルームエアコンおよび配線は簡易接触防護措置を施しているものとする。

(平成22年、令和2年)

イ. 定格消費電力が1.5（KW）のルームエアコンに供給する電路に、専用の配線用遮断器を取り付け、合成樹脂管工事で配線し、コンセントを使用してルームエアコンと接続した

ロ. 定格消費電力が1.5（KW）のルームエアコンに供給する電路に、専用の配線用遮断器を取り付け、合成樹脂管工事で配線し、ルームエアコンと直接接続した

ハ. 定格消費電力が2.5（KW）のルームエアコンに供給する電路に、専用の配線用遮断器を取り付け、金属管工事で配線し、コンセントを使用してルームエアコンと接続した

ニ. 定格消費電力が2.5（KW）のルームエアコンに供給する電路に、専用の配線用遮断器を取り付け、ケーブル工事で配線し、ルームエアコンと直接接続した

解答

　問題10-22 ハ　　　　**問題10-23** ニ

解 答 ・ 解 説

解答 10-15	1.6mmの600Vビニル絶縁電線の許容電流は、27Aなので、求める電線
イ	1本当たりの許容電流は、27 × 0.56 = **15.12 (A)**

解答 10-16	2.0mmの600Vビニル絶縁電線の許容電流は、35Aなので、求める電線
ロ	1本当たりの許容電流は、35 × 0.70 = **24.5 (A)**

解答 10-17	5.5mm^{2}の600Vビニル絶縁電線の許容電流は、49Aなので、求める電線
ロ	1本当たりの許容電流は、49 × 0.70 = **34.3 (A)**

解答 10-18	VVR2.0mmの許容電流は、35Aなので、求める電線1本当たりの許容電
ロ	流は、35 × 0.70 = **24.5 (A)**

解答 10-19	ゴムコード0.75mm^{2}の許容電流は7Aなので、100Vで使用できる限度
ロ	は、P = VI = 100 × 7 = **700 (W)**。したがって、**600Wの電気釜**が該
	当します。

解答 10-20	20Aの配線用遮断器に2倍の40Aが流れたときは、**2分以内**に動作する
ロ	必要があります。

解答 10-21	単相200Vの回路はいずれも非接地側なので、この回路には**2極2素子**
イ	を取り付ける必要があります。単相100V回路には**2極1素子**、**2極2素**
	子の両方を取り付けられます。

解答 10-22	漏電遮断器を省略できるのは、電気用品安全法の適用を受ける**二重絶**
ハ	**縁構造の機械器具**です。

解答 10-23	住宅の対地電圧は**150V以下**にする必要がありますが、例外規定があり
ニ	ます。定格消費電力が**2KW以上**の機器具を施設する場合は、条件に
	よって対地電圧を**300V以下**にできます。p.305に記載の条件をもう一度
	チェックしておいてください。

10

03 幹線の設計

低圧屋内電路は、**幹線**と**分岐回路**で構成されています。太い幹線から細い幹線へ分岐する際は、接続箇所（分岐箇所）に**過電流遮断器**を施設する必要があります。

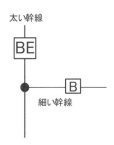

幹線と分岐回路

構成要素	説明
幹線	引込口から分岐回路までの配線。引込口には引込開閉器と過電流遮断器を施設する。また、幹線には**直接、電気機器などは接続しない**
分岐回路	電気機器や電灯、コンセントにつながる配線。分岐回路には**分岐開閉器と過電流遮断器**を施設する

① 幹線の太さ

幹線には、**すべての分岐回路に流れる電流の合計**が流れるので、十分な許容電流を持つ、太い電線を使用する必要があります。例えば次図のような、太い幹線からの分岐回路に、電動機 Ⓜ（モーター）と電熱器 Ⓗ（ヒーター）がつながっている場合の「幹線の許容電流」を求める場合は、**最初に電動機の定格電流の合計値と、電熱器の定格電流の合計値**を求めたうえで、次のように計算します。

1. 電動機の合計値が、電熱器の合計値よりも小さいときは、**電動機と電熱器の定格電流の合計値が幹線の許容電流になる**

2. 電動機の合計値が、電熱器の合計値よりも大きく、かつ電動機の合計が50Aより小さ

いときは、電動機の合計値の1.25倍に電熱器の合計値を足す

3．電動機の合計値が、電熱器の合計値よりも大きく、かつ電動機の合計値が50Aを超えるときは、電動機の合計値の1.1倍に電熱器の合計値を足す

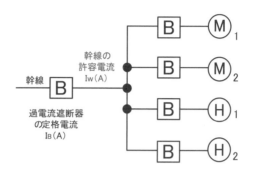

（ⅰ）電動機の定格電流を合計する：$I_M = M_1 + M_2$

（ⅱ）電熱器の定格電流を合計する：$I_H = H_1 + H_2$

（ⅲ）I_MとI_Hを比較する

    ①$I_M \leqq I_H$のとき、許容電流（I_W）は、$I_W \geqq I_M + I_H$（A）

    ②$I_M > I_H$で、$I_M \leqq 50A$のとき、$I_W \geqq 1.25 \times I_M + I_H$（A）

    ③$I_M > I_H$で、$I_M > 50A$のとき、$I_W \geqq 1.1 \times I_M + I_H$（A）

例　題

図のような電動機 Ⓜ と電熱器 Ⓗ に電力を供給する低圧屋内配線がある。この幹線の電線の太さを決める根拠となる電流の最小値（A）は。ただし、需要率は100（％）とする。

（平成14年）

イ．80
ロ．86
ハ．95
ニ．110

この例題は次のように解いていきます。

（ⅰ）電動機の定格電流の合計は、$I_M = 30 + 30 = 60$（A）

（ⅱ）電熱器の定格電流の合計は、$I_H = 20$（A）

（ⅲ）$I_M > I_H$ で、かつ I_M が50Aを超えるので、

$$I_W = 1.1 \times I_M + I_H = 1.1 \times 60 + 20 = 86 \text{（V）}$$

（ⅳ）したがって、「ロ」が正解となる

重要！ 幹線の太さ（許容電流）と、幹線を保護する過電流遮断器の定格電流は、電動機と電熱器の定格電流から求めます。公式を覚えておけば解答できますのでしっかりと覚えておいてください。また、過去の試験では I_M が50A以下の出題が多いので、$I_W = 1.25 \times I_M + I_H$ の式は覚えておいてください！

 ## ② 幹線を保護する過電流遮断器の容量

　幹線を保護する**過電流遮断器**の定格電流は、大きすぎると過電流から保護できず、小さすぎると負荷がかかっただけで回路が遮断されてしまうので、適正な値にする必要があります。

　例えば次図のような、太い幹線からの分岐回路に、電動機 Ⓜ（モーター）と電熱器 Ⓗ（ヒーター）がつながっている場合の過電流遮断器の定格電流の最大値(A)は、最初に**電動機の定格電流の合計値**と、**電熱器の定格電流の合計値**を求めたうえで、次のように計算します。

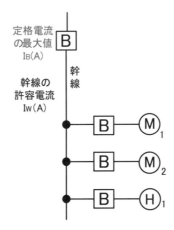

（ⅰ）電動機の定格電流を合計する：$I_M = M_1 + M_2$

（ⅱ）電熱器の定格電流を合計する：$I_H = H_1 + H_2$

（ⅲ）電動機の接続の有無を確認する

①電動機が接続されていないときは、過電流遮断器の定格電流を、幹線の許容電流以下にする（$I_B \leqq I_W$）

②電動機が接続されているときは、次の$\boxed{A}$$\boxed{B}$のうちの小さい値が最大値となる

$\boxed{A}$ $I_B = 3 \times I_M + I_H$　　　$\boxed{B}$ $I_B = 2.5 \times I_W$

例　題

図のように、電動機(M)と電熱器(H)が幹線に接続されている場合、低圧屋内幹線を保護する①で示す過電流遮断器の定格電流の最大値（A）は。ただし、幹線の許容電流は49（A）で、需要率は100（％）とする。

(平成14年)

イ．50

ロ．75

ハ．100

ニ．150

10

この例題は次のように解いていきます。

（ⅰ）電動機の定格電流の合計は、$I_M = 10 + 10 = 20$（A）

（ⅱ）電熱器の定格電流の合計は、$I_H = 15$（A）

（ⅲ）$\boxed{A}$ $I_B \leqq 3I_M + I_H = 3 \times 20 + 15 = 75$（A）

　　　$\boxed{B}$ $I_B \leqq 2.5I_W = 2.5 \times 49 = 122.5$（A）

（ⅳ）$\boxed{A}$ のほうが小さいので、求める答えは75A。したがって「ロ」が正解

重要！ 過電流遮断器の容量を求める際は、上記の$\boxed{A}$と$\boxed{B}$の結果を比較する、という点を覚えておいてください。

③ 幹線の分岐（分岐回路）

　太い幹線から細い幹線へ分岐するときは、接続箇所（分岐箇所）に必ず、**開閉器**と**過電流遮断器**を施設する必要があります。過電流遮断器の取り付け位置には次の規定があります。

- 原則は、分岐点から3m以下に施設する
- 分岐回路の電線の許容電流が、幹線を保護する過電流遮断器の定格電流の35％以上のときは、分岐点から8m以下の位置に施設できる
- 分岐回路の電線の許容電流が、幹線を保護する過電流遮断器の定格電流の55％以上のときは、分岐回路のどこにでも施設できる

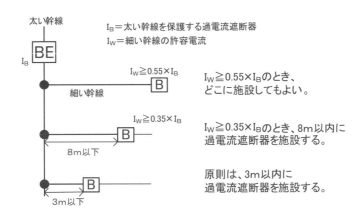

 重要! 「3m以下」と「8m以下」がどのような条件の場合の数値であるかを押さえておいてください。

 ④ 分岐回路の電線の太さとコンセント

　電線の太さや取り付けられるコンセントの容量は、分岐回路に施設する過電流遮断器の定格電流の大きさによって規定されています。次表の内容はとても大切ですので、大変ですが必ず暗記しておいてください。

分岐回路の電線の太さとコンセントの容量

分岐回路の種類	電線の太さ	コンセントの容量
15A	1.6mm 以上	15A
20A 配線用遮断器	1.6mm 以上	20A 以下（20A・15A）
20A ヒューズ	2.0mm 以上	20A
30A	2.6mm（5.5mm²）以上	20A 以上、30A 以下
40A	8mm² 以上	30A 以上、40A 以下
50A	14mm² 以上	40A 以上、50A 以下

- コンセントは、分岐回路の定格値、または1つ下の定格値を設置できる
- 電線の太さは「〜以上」なので、それ以上に太い電線も使用できる

 重要！ 電線の太さやコンセントの容量を問う問題は、毎年のように、ほぼ確実に出題されています。覚えるのは大変ですが、必ず得点につながります。

例題

低圧屋内幹線の分岐回路の設計で、配線用遮断器、分岐回路の電線の太さおよびコンセントの組合せとして不適切なものは。ただし、分岐点から B までは2（m）、B からコンセントまでは10（m）とし、電線部分の数値は分岐回路の電線（軟銅線）の太さを示す。また、コンセントの定格電流は専用コンセントの値とする。

（平成14年）

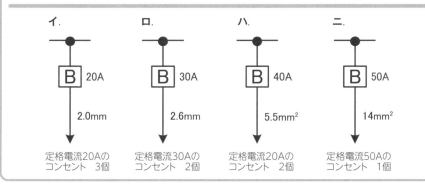

イ.
B 20A
2.0mm
定格電流20Aの
コンセント　3個

ロ.
B 30A
2.6mm
定格電流30Aの
コンセント　2個

ハ.
B 40A
5.5mm²
定格電流20Aの
コンセント　2個

ニ.
B 50A
14mm²
定格電流50Aの
コンセント　1個

10

　この問題は、分岐回路の種類・電線の太さ・コンセントの組合せを覚えていれば、解答を導けます。

　定格電流40Aの配線用遮断器で保護される分岐回路の組合せは、**電線の太さ＝8mm²、コンセントの定格電流＝30A以上、40A以下**ですので、「ハ」が不適切になります。

　コンセントの個数は関係ありません。また、分岐点から3m以内に配線用遮断器が施設されているので、配線用遮断器以降は分岐回路になるため、**長さも関係ありません。**

⑤ 分岐回路数

　使用電圧100Vの15Aおよび20A配線用遮断器の**必要分岐回路数**は、次の式で求めます（小数点は切り上げます）。

$$回路数 = \frac{想定した設備容量（負荷容量）（V・A）}{1500（V・A）}$$

重要！
分岐回路数については「1500（100V×15A）で割ること」と「小数点は切り上げる」の2点を覚えておいてください。ただし、分岐回路数については平成11年以来、一度も出題されていませんので重要度は少し低いです。

精選過去問題 & 完全解答

（解答・解説は p.320）

幹線の設計に関する問題

問題10-24

図のように、三相の電動機と電熱器が低圧屋内幹線に接続されている場合、幹線の太さを決める根拠となる電流の最小値(A)は。ただし、需要率は100(%)とする。

（平成26年）

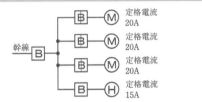

イ．75

ロ．81

ハ．90

ニ．195

問題10-25

図のような電熱器 (H) 1台と電動機 (M) 2台が接続された単相2線式の低圧屋内幹線がある。この幹線の太さを決定する根拠となる電流 I_W (A)と幹線に施設しなければならない過電流遮断器の定格電流を決定する根拠となる電流 I_B (A)の組合せとして、適切なものは。ただし、需要率は100(%)とする。

（平成25年）

10

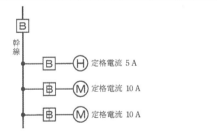

イ． I_W 25 　　 I_B 25

ロ． I_W 27 　　 I_B 65

ハ． I_W 30 　　 I_B 65

ニ． I_W 30 　　 I_B 75

解 答

問題10-24 **ロ** 　　問題10-25 **ハ**

問題10-26

図のように、電動機 Ⓜ と電熱器 Ⓗ が幹線に接続されている場合、低圧屋内幹線を保護する①で示す過電流遮断器の定格電流の最大値（A）は。ただし、幹線は600Vビニル絶縁電線8（mm²）（許容電流61A）の需要率は100（％）とする。

（平成18年）

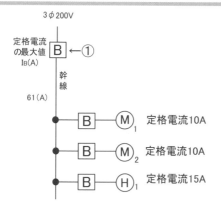

3φ200V

定格電流
の最大値 B ←①
I_B(A)

幹線

61（A）

B─Ⓜ₁　定格電流10A

B─Ⓜ₂　定格電流10A

B─Ⓗ₁　定格電流15A

イ．50
ロ．75
ハ．100
ニ．150

問題10-27

定格電流10（A）の電動機5台が接続された単相2線式の低圧屋内幹線がある。この幹線の太さを決定する電流の最小値（A）は。ただし、需要率は80（％）とする。

（平成21年、平成24年）

イ．40
ロ．44
ハ．50
ニ．63

問題10-28

定格電圧200（V）、定格電流がそれぞれ17（A）および8（A）の三相電動機各1台を接続した低圧屋内幹線がある。この幹線を保護する過電流遮断器の定格電流の最大値（A）は。

ただし、この幹線の許容電流は、61（A）とする。

（平成16年）

イ．30
ロ．50
ハ．75
ニ．100

解答

問題10-29

図のように定格電流60（A）の過電流遮断器で保護された低圧屋内幹線から分岐して、7（m）の位置に過電流遮断器を施設するとき、a−b間の電線の許容電流の最小値（A）は。

（平成24年）

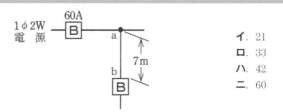

イ． 21
ロ． 33
ハ． 42
ニ． 60

- -

問題10-30

図のように定格電流150（A）の配線用遮断器で保護された低圧屋内幹線から太さ5.5（mm²）のVVFケーブル（許容電流34A）で低圧屋内回路を分岐する場合、a-b間の長さの最大値（m）は。ただし、低圧屋内配線に接続される負荷は、電灯負荷とする。

（平成18年）

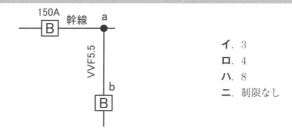

イ． 3
ロ． 4
ハ． 8
ニ． 制限なし

10

- -

問題10-31

図のように定格電流125（A）の過電流遮断器で保護された低圧屋内幹線から分岐して、10（m）の位置に過電流遮断器を施設するとき、a−b間の電線の許容電流の最小値（A）は。

（平成21年）

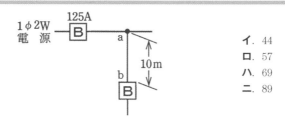

イ． 44
ロ． 57
ハ． 69
ニ． 89

- -

解答

問題10-29 イ 問題10-30 イ 問題10-31 ハ

問題10-32

低圧屋内配線の分岐回路の設計で、配線用遮断器、分岐回路の電線の太さおよびコンセントの組合せとして、適切なものは。ただし、分岐点から配線用遮断器までは2(m)、配線用遮断器からコンセントまでは5(m)とし、電線の数値は分岐回路の電線(軟銅線)の太さを示す。また、コンセントは兼用コンセントではないものとする。

(平成25年、令和6年)

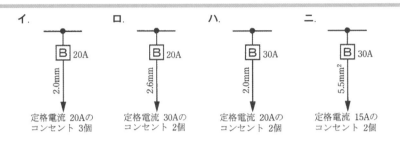

問題10-33

低圧屋内配線の分岐回路の設計で、配線用遮断器の定格電流とコンセントの組合せとして、不適切なものは。

(平成24年、令和元年、令和5年)

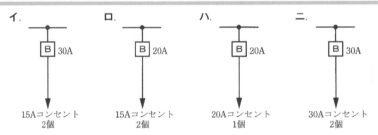

解 答 ・ 解 説

解答10-24

ロ

電動機の定格電流の合計は、$I_M = 20 \times 3 = 60$ (A)

電熱器の定格電流の合計は、$I_H = 15$ (A)

$I_M > I_H$で、かつ、$I_M > 50$Aなので、

$$I_W = 1.1 \times I_M + I_H = 1.1 \times 60 + 15 = 81 \text{ (A)}$$

解 答

問題10-32 イ　　　問題10-33 イ

解答10-25
ハ

電動機の定格電流の合計は、$I_M = 10 + 10 = 20$（A）
電熱器の定格電流は$I_H = 5$（A）
$I_M > I_H$で、かつ、$I_M \leqq 50$（A）なので、

$$I_W = 1.25 \times I_M + I_H = 1.25 \times 20 + 5 = 30 \text{（A）}$$

I_Bは以下で、低いのは65A。

$$I_B \leqq 3I_M + I_H = 3 \times 20 + 5 = 65 \text{（A）}$$
$$I_B \leqq 2.5I_W = 2.5 \times 30 = 75 \text{（A）}$$

解答10-26
ロ

電動機の定格電流の合計は、$I_M = 10 + 10 = 20$（A）
電熱器の定格電流の合計は、$I_H = 15$（A）
I_Bは以下で、低いのは75A。

$$I_B \leqq 3I_M + I_H = 3 \times 20 + 15 = 75 \text{（A）}$$
$$I_B \leqq 2.5I_W = 2.5 \times 61 = 152.5 \text{（A）}$$

解答10-27
ハ

電動機の定格電流の合計は、$I_M = 10 \times 5 \times 0.8 = 40$（A）
$I_M \leqq 50$Aなので、

$$I_W = 1.25 \times I_M + I_H = 1.25 \times 40 = 50 \text{（A）}$$

解答10-28
ハ

電動機の定格電流の合計は、$I_M = 17 + 8 = 25$（A）
I_Bは以下で、低いのは75A。

$$I_B \leqq 3I_M + I_H = 3 \times 25 = 75 \text{（A）}$$
$$I_B \leqq 2.5I_W = 2.5 \times 61 = 152.5 \text{（A）}$$

解答10-29
イ

a－b間の距離が7mなので、**8m以下のときは過電流遮断器の定格電流の35%以上**であればよいことになります。$I_W = 60 \times 0.35 = 21$（A）

解答10-30
イ

$34 \div 150 = 0.227$なので35%以下になります。したがって、最大の長さは**3m**です。

解答10-31
ハ

8m以上なので55%以上あればよいので、
$$I_W = 125 \times 0.55 = 68.75 (\fallingdotseq 69) \text{（A）}$$

解答10-32
イ

ロは30Aのコンセントではなく20A以下、ハは2.0mmではなく2.6mm以上、ニは15Aではなく20A以上、30A以下のものが適切です。

解答10-33
イ

30Aの配線用遮断器には、**20A以上、30A以下**のコンセントを接続します。

INDEX

著者紹介

襧寝重之（ねしめ しげゆき）

第2種電気工事士研究会代表。第2種電気工事士受験用単位作業の講習会講師を務める第2種電気工事士。初心者でもほとんどが6回の講習と直前講習だけで合格を勝ち取る、独自のわかりやすいカリキュラムに定評がある。一般社団法人建設不動産総合研修センター主任講師。

URL http://第2種電気工事士研究会.com/

参考・引用文献

オーム社編 (2011)，第二種電気工事士筆記完全マスター，オーム社
ノマドワークス著 (2010)，ここが出る!!第2種電気工事士完全合格教本，新星出版社
電気書院編 (2017)，フルカラーでわかりやすい第二種電気工事士らくらく学べる筆記＋技能テキスト，電気書院
渡辺一雄，杉原範彦，関根康明著 (2015)，第二種電気工事士筆記試験かんたん攻略，電気書院
オーム社編 (2018)，2019年版 第二種電気工事士筆記試験標準解答集，オーム社
日本電気協会編 (2019)，第二種電気工事士筆記問題集，日本電気協会
藤瀧 和弘著 (2019)，ぜんぶ絵で見て覚える 第2種電気工事士筆記試験すいっと合格2019年版，ツールボックス

いちばんやさしい 第2種電気工事士【学科試験】

（筆記方式・CBT 方式）

最短テキスト ＆ 出る順過去問集［改訂3版］

2016年 2月26日	初版第1刷発行	
2019年 4月22日	初版第7刷発行	
2019年12月19日	改訂新版第1刷発行	
2022年 9月22日	改訂新版第15刷発行	
2023年 3月 7日	改訂3版第1刷発行	
2024年10月 5日	改訂3版第5刷発行	

著　者 …………………… ねしめ重之
発行者 …………………… 出井貴完
発行所 …………………… SBクリエイティブ株式会社
　　　　　　　　　　　　〒105-0001　東京都港区虎ノ門2-2-1
　　　　　　　　　　　　https://www.sbcr.jp

印刷・製本 ……………… 株式会社シナノ
カバーデザイン ………… 米倉英弘（細山田デザイン事務所）
組　版 …………………… クニメディア株式会社

落丁本、乱丁本は小社営業部にてお取り替えいたします。定価はカバーに記載されております。

Printed in Japan ISBN 978-4-8156-1842-1